두피 모발

강현경 · 김미성 · 김주연
마충량 · 박영선 공저

21세기사

PREFACE

머리말

안녕하십니까?

이 책을 펼쳐주신 독자 여러분께 깊은 감사의 인사를 드립니다.

두피와 모발 건강은 단순히 외적 아름다움의 기준을 넘어서, 현대인의 건강 상태와 라이프스타일을 반영하는 중요한 요소로 자리 잡았습니다. 예로부터 "머리카락은 건강의 거울"이라 불릴 만큼 두피와 모발 관리의 중요성은 꾸준히 강조되어 왔습니다. 그러나 바쁜 일상과 잘못된 정보들 속에서 두피와 모발의 건강은 자주 간과되거나 잘못 관리되는 경우가 많습니다.

이 책은 두피 및 모발 건강을 위한 이론과 실무 지침을 체계적으로 정리한 전문서로, 두피와 모발의 구조적 이해에서부터 건강 유지 및 개선을 위한 최신 관리법을 폭넓게 다루고자 합니다. 특히, 두피 관리의 과학적 접근과 맞춤형 관리 방법을 강조하며, 이를 통해 독자들이 올바른 지식과 실천적 방법을 익힐 수 있도록 돕고자 합니다.

오늘날 스트레스, 환경적 요인, 생활습관 변화 등 다양한 외부 자극이 두피와 모발에 영향을 미치고 있으며, 이로 인한 탈모와 각종 두피 질환이 꾸준히 증가하고 있습니다. 이런 현실에서 두피와 모발 관리는 선택이 아닌 필수로 여겨지며, 개인별 특성에 맞춘 체계적인 관리가 더욱 중요해지고 있습니다.

이 책은 두피와 모발의 건강을 유지하기 위한 전문적이고 실용적인 정보를 제공하며, 관련 업계 전문가뿐만 아니라 두피·모발 건강에 관심 있는 모든 분들에게도 유익한 길잡이가 될 것입니다. 최신 연구와 임상 데이터를 기반으로 두피 진단 방법, 모발의 성장 주기, 손상 개선, 탈모 예방과 치료법, 맞춤형 트리트먼트 적용까지 구체적이고 현실적인 가이드를 담았습니다.

이 책이 두피와 모발 건강의 새로운 관점을 제시하고, 독자 여러분의 일상 속에서 실질적인 변화를 이끌어내는 데 보탬이 되기를 진심으로 바랍니다. 작은 변화가 결국 큰 변화를 만들어냅니다. 이 책과 함께 두피와 모발 관리의 새로운 가능성을 발견하고, 건강하고 아름다운 삶을 향해 한 걸음 더 나아가시기를 기원합니다.

감사합니다.

저자 일동

CONTENTS

목 차

이 책의 구성 _ 11

01 / 모발생리학 _ 17

05 / 화장품 성분 _ 91

06 / 두피기기 _ 113

07 / 실기편 _ 121

08 / 두피상담과 창업 _ 155

두피, 모발 관리개념

1) 두피와 모발의 더러워지기 쉬운 특성

(1) 두피와 모발은 외부 환경과의 직접적인 접촉으로 더러워지기 쉬운 부위이다.

(2) 피지선과 땀샘이 풍부하게 분포되어 있어 땀과 피지의 증발이 어렵고 외부 오염물질이 흡착되기 쉽다.

2) 건강한 두피의 특징과 문제 발생 원인

(1) 건강한 두피는 약간 푸른빛을 띠며 투명하게 느껴지는 백색이다.

(2) 스트레스, 피로, 화학제품 사용으로 두피는 붉게 변하며, 이로 인해 피지 불균형, 미생물 및 모낭충에 의한 비듬과 두피 염증 발생 가능성이 있다.

3) 두피, 모발관리학(Trichology)의 의미와 전문가 역할

(1) 두피, 모발과 관련된 질병, 기능, 구조를 연구하고 건강한 관리 및 손상된 모발을 치유하는 학문이다.

(2) 트리콜로지스트는 전문적인 지식을 토대로 두피와 모발을 관리하는 직업, 해부, 생리학적 지식, 적절한 화장품, 기기, 테크닉 활용하는 것이다.

4) 건강한 두피와 모발 관리의 중요성

(1) 두피와 모발의 청결과 건강을 해치는 땀, 피지, 약제 등의 제거가 필요하다.

(2) 영양 공급을 통한 모발 성장 촉진, 두피 스케일링을 통한 신진대사 촉진이 필요하다.

5) 건강한 두피와 모발의 관리 영역

(1) 모발관리

손상모발 개선과 예방을 목적으로 하는 모발관리이다.

(2) 두피관리

이상 증상 개선과 혈행촉진을 통한 두피 정상화를 목적으로 하는 두피관리이다.

(3) 육모관리

환경 개선을 통한 모발 성장 촉진, 탈모 극복을 목적으로 하는 육모관리이다.

6) 건강한 모발을 위한 트리트먼트

(1) 모간부 보습과 영양 상태 관리가 필요하며, 트리트먼트제를 통해 모질개량, 대전방지, 습윤, 유지류 등의 성분으로 유, 수분을 공급한다.

7) 두피 관리의 중요성

(1) 두피 스케일링으로 피지산화물과 노화된 각질을 제거한다.

(2) 두피 마사지를 통해 혈행 촉진, 문제성 두피와 탈모를 예방한다.

8) 탈모와 비듬에 대한 이해

(1) 남성 호르몬, 모낭 기능저하, 두피 생리 기능 저하 등이 탈모의 원인이다.

(2) 비듬은 염증 소견 없이 쌀겨 모양의 인설이 발생한다.

9) 펌제와 염색제의 영향

(1) 알칼리성 제품 사용 시 두피 팽윤, 비듬, 가려움 등이 발생 가능하다.

(2) 모발이 다른 부위의 피부보다 피지와 땀 분비가 많아 청결이 중요하다.

10) 내외적 이상 현상 예방과 개선

(1) 내적 요인과 외적 요인을 통한 두피와 모발 관리와 문제 발생 전 예방을 통한 건강한 상태를 유지한다.

(2) 종합적인 두피, 모발 건강 관리는 정기적이고 종합적인 관리가 필요하며, 전문가의 도움과 정확한 지식이 필수적이다.

두피 및 모발 관리의 필요성 및 현황

1) 필요성의 증가

국민소득 상승과 외모, 건강에 대한 관심 증가하고 있다.

선진국에서는 트리콜로지스트가 전문적으로 관리하는 분야로 선망 받고 있다.

우리나라에서도 1/4 이상이 두피, 모발 관리 대상이며 시장은 연간 1조원 이상으로 성장 중이다.

2) 두피, 모발의 중요성

모발은 얼굴의 지붕으로 불리우며 미의 영역에서 중요한 역할을 수행한다.

모발의 형태 변화는 패션에 큰 영향을 미친다.

3) 탈모와의 심리적 영향

탈모는 외모에 민감한 젊은 층의 큰 고민거리이다.

탈모로 인한 대인 기피, 사회관계 단절, 무기력, 자신감 결여, 불안 등의 심리적 영향을 끼친다.

4) 두피, 모발 관리의 중요성 부각

건강한 모발을 위해 두피의 청결과 건강한 관리가 필요하다.
샴푸, 두피 스켈링, 트리트먼트뿐만 아니라 특수 두피관리가 필요하다.

5) 웰빙과 외모 중시 트랜드의 영향

2000년대 이후 웰빙과 외모 중시 트랜드 등장, 건강한 아름다움에 대한 욕구로 두피, 모발 건강에 관심이 증가하고 있다.

6) 두피, 모발관리 필요성의 요인

(1) 환경적 요인

대기오염, 오존 변화, 일상생활 변화 등 외부 환경의 영향.

(2) 물리적 요인

열펌머, 레게스타일, 브레이드 등 물리적 힘이 가해지는 스타일.
드라이, 플랫 아이론, 무리한 빗질 등 잘못된 기기 사용.

(3) 생리적 요인

스트레스, 과로, 다이어트, 약의 오남용, 서구화된 식습관, 수면 부족 등의 영향.

(4) 화학적 요인

모발제품 오남용, 퍼머, 탈색, 염색 등 미용시술의 부담.

7) 현상 및 요구의 변화

사회와 환경적 변화로 건강한 아름다움에 대한 욕구 강조.
스트레스, 과로, 대기오염, 약의 오남용 등으로 인한 탈모 및 이상증상 급증.

미용업계의 변화로 포괄적인 미용 분야의 확대, 다국적 기업의 투자 유입, 불황 극복을 위한 차별화 전략이 필요하다.

8) 두피 모발관리 연구 결과

두피진단, 모발상태에 따른 제품 선정, 샴푸를 통한 마사지, 토닉 사용 등의 관리로 발모 및 육모 효과를 확인할 수 있다.

두피, 모발 관련 연구를 통해 관리 고객의 86%가 효과를 체감하고 있다.

9) 두피, 모발의 관리 필요성 정리

두피와 모발 관리는 외모와 건강에 대한 관심 상승으로 중요성이 부각되고 있다.

두피, 모발관리의 현황 및 전망

전문가의 도움과 체계적인 관리로 건강한 두피 모발 유지가 필수이다.

종합적으로 두피와 모발의 건강은 환경, 라이프스타일, 생리적, 화학적인 다양한 영향을 받으므로 전문적이고 체계적인 관리가 필요하며, 이는 미용산업에서 큰 이슈로 부상하고 있다.

두피와 모발의 관리에 대한 필요성은 국민소득 수준 상승, 외모와 건강에 대한 관심 증가 등으로 급증하고 있다. 선진국에서는 트리콜로지스트(Trichologist)라는 전문 직업이 등장하며, 우리나라에서도 두피 모발 관리 대상이 늘어나고 모발 제품 시장이 성장하고 있다.

두피와 모발 관리의 필요성은 환경적, 물리적, 생리적, 화학적 요인에 기인한다. 대기오염, 미용 시술의 오남용, 스트레스, 무리한 다이어트 등이 두피와 모발에 부정적인 영향을 미치고 있다.

두피와 모발의 건강은 미용의 영역을 벗어나 진화하고 있으며, 건강한 모발은 아름다움의 중요한 부분이다. 두피 관리의 중요성은 경제적 향상, 스트레스 증가, 미용업계 변화 등 사회와 환경적 변화에 기인한다.

미용 시장에서는 두피, 모발 관리에 대한 수요가 높아지면서 새로운 서비스와 제품이 나오고 있다. 대형 미용 살롱부터 작은 규모의 살롱까지 다양한 곳에서 두피, 모발에 특화된 서비스를 제공하고 있다.

세계적으로 두피와 모발에 대한 관심은 계속해서 증가하고 있으며, 화장품 산업에서도 두피와 모발에 특화된 제품들이 계속해서 선보이고 있다. 소비자들은 전문적인 두피 관리를 원하며, 두피 질환에 대한 인식도 높아져 가고 있다.

현재의 두피, 모발 관리는 아름다움뿐만 아니라 건강까지 고려한 전문적인 서비스와 제품이 필요하며, 이에 대한 수요는 앞으로도 계속해서 성장할 것으로 전망된다.

01

모발생리학

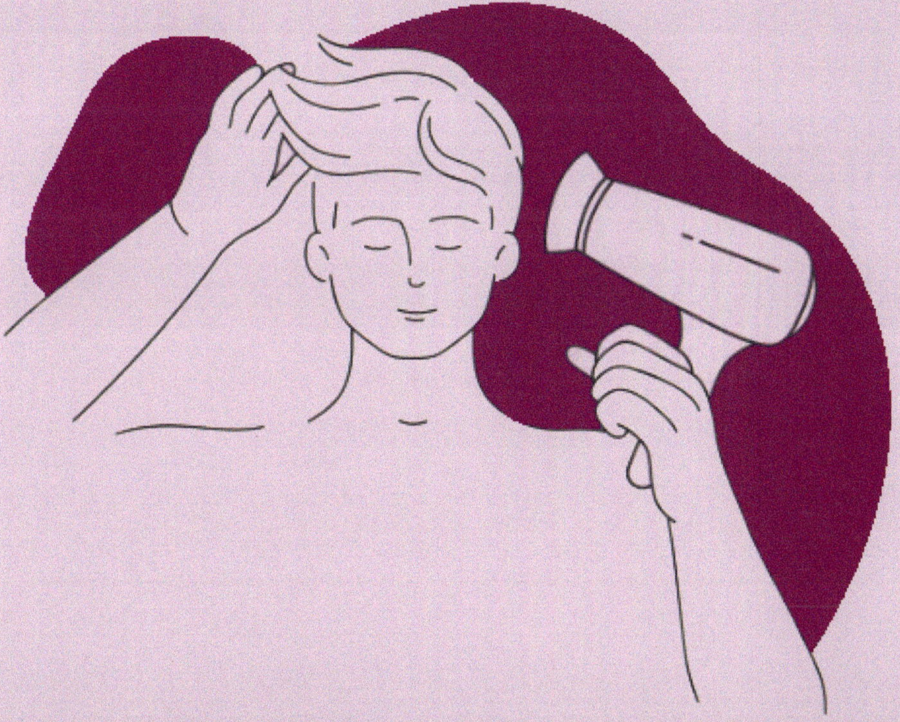

모발의 발생

1) 인체의 발생

인체의 11개의 기관계로 이루어져 있으며 그 가운데 두피와 모발은 외피 또는 피부계의 부속기관에 해당된다. 각 기관계는 기관의 집합체이며 기관은 다시 여러 조직으로 나누어 진다. 조직을 다시 세분화하면 생명의 기본 단위인 세포(cell)들로 구성이 되는데 약 60조 개 이상의 세포들이 모여 인체를 이루고 있다.

생명의 기본 단위인 세포(cell)는 세포 집합체인 인체를 이루는 과정은 다음과 같다.

생식세포인 정자와 난자가 만나 수정란을 만들고, 세포분열 과정을 통해 임신 10일부터 배엽을 형성하는데 함입으로 생긴 안쪽 벽을 내배엽, 바깥쪽 벽을 외배엽이라고 한다.

내배엽에서는 위, 소장, 대장과 같은 소화기 계통이 형성되고, 외배엽에서는 신경계통과 피부, 모발 등의 외피 계통이 형성된다. 그리고 이들 사이에서 형성된 중배엽에서는 심장, 혈관, 골격, 근육 계통 등이 형성된다.

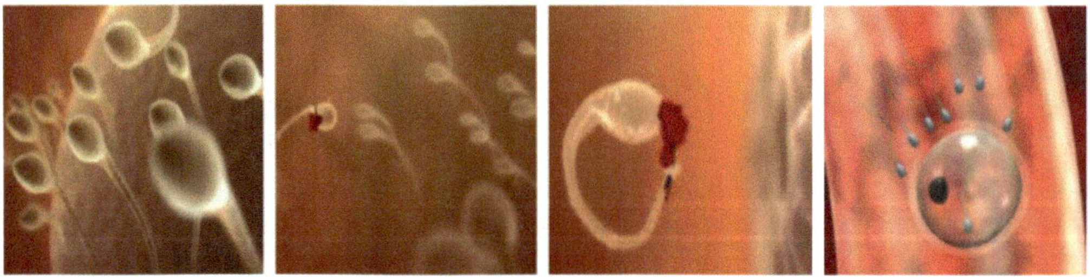

그림 1-1 수정과정

2) 모낭의 발생

모발을 감싸고 있는 모낭은 피부세포로부터 발생이 이루어진다. 모낭은 임신 후 약 2개월에 눈썹, 콧수염, 턱수염이 자랄 수 있는 모낭이 처음으로 생성되기 시작하고, 그 외에 신체의 체모와 모발의 모낭은 약 4개월부터 형성되기 시작하여 임신 약 5개월에는 완성된 모낭이 형성되므로 태아가 출생할 때는 개인마다 다른 일정한 수의 모낭을 가지고 태어난다.

모낭이 형성되는 과정을 보면, 먼저 피부의 표피 세포층 아래 있는 진피 세포들이 모여 집합체를 이루기 시작하는데 마치 나뭇가지에 새싹이 돋기 시작하는 단계와 같다고 해서 모아기라고 한다. 세포분열이 더욱 진행되면 음품 패여 마치 항아리 모양을 하는 단계인 모항기에 접어들게 되는데 이때는 아직 모근의 부속기관들의 상태가 미숙한 단계라고 볼 수 있다. 점점 더 시간이 지나면 완성된 모낭이 형성되는 단계에 이르게 되는데 모아기와 모항기에 비하여 모낭의 깊이가 다르고 모낭의 주변 부속기관들인 피지선, 모구, 모유두, 입모근 등이 완성된 형태로 모낭 안에 있는 모모 세포의 분열로 인하여 모발이 자라기 시작한다.

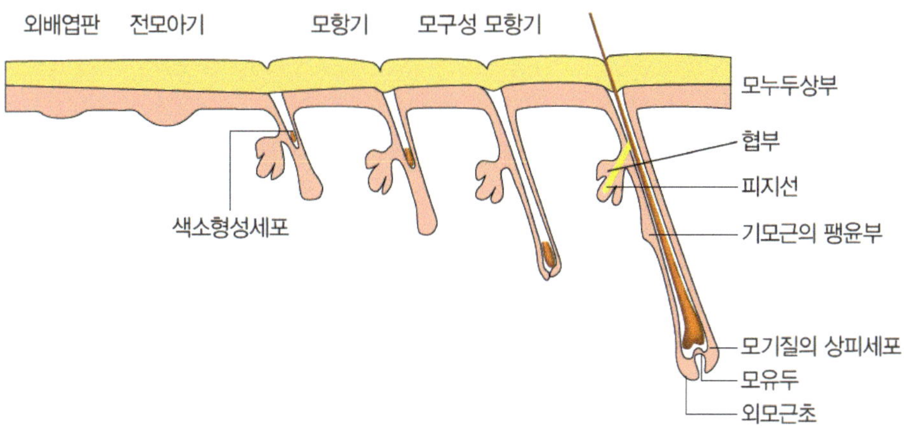

그림 1-2 모낭의 발달단계

3) 모발의 발생

모발이 발생하고 성장하는 것은 모낭의 기저층에 있는 모모세포의 분열로부터 시작되는 것으로 손톱, 발톱과 같은 피부의 부속물에 해당된다. 이런 모모세포와 멜라노사이트의 줄기세포가 피지선 아래 위치한 팽윤부 부위에서 모모세포의 분열이 시작되어 진다.

즉, 모발이 휴지기를 지나 새로운 성장기에 들어서게 되면 팽윤부에 존재하는 모모세포의 줄기세포가 모구부로 이동하기 시작하고 기저층에 도달하게 되며 이때부터 모모세포가 다시 분열을 시작하게 되면서 모모세포와 멜라노사이트의 줄기세포가 존재하는 곳이 팽윤부임을 알 수 있다.

모발의 구조

모발은 크게 포피에서 외부로 나와 있는 눈에 보이는 부분인 모간부와 표피 내부에 있는 부분인 모근부로 나뉜다.

모근부는 모낭, 모구, 모유두, 모모세포, 피지선, 입모근, 색소세포 등으로 구성되어 있고, 모간부는 모표피, 모피질, 모수질로 구성되어 있다.

1) 모근부

모근부는 눈에 보이지 않는 두피 안쪽의 부분을 말한다. 모발 성장의 원천이 되는 곳으로 모발에 필요한 영양분과 산소를 모세혈관으로부터 공급받아 세포분열의 과정을 통하여 모발을 생성하는 기관이다.

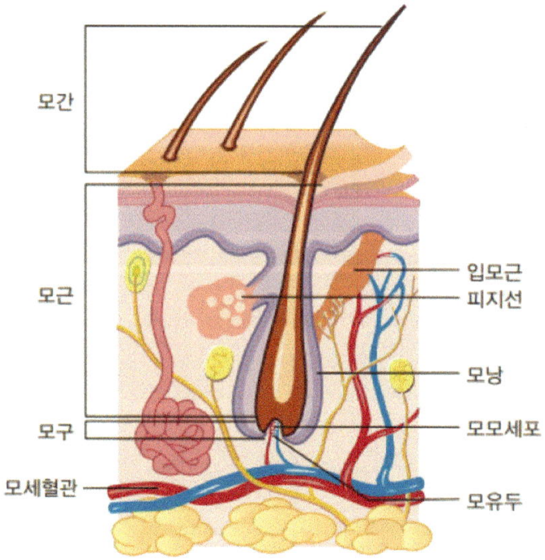

그림 1-3 모근부의 구조

(1) 모낭

모낭은 외층의 표피와 내층의 진피가 연결되어 원통상을 이루면서 모근을 감싸고 있는 형태로 모발이 생성되어 각화되기까지 보호하며 표피까지 운반해준다. 모낭은 피지선, 한선과 연결되어 있어 분비되는 땀과 혼합되어, 피부의 산성막을 형성시켜주고 피부를 보호해준다.

모낭은 내·외층의 피막으로 되어 있으며, 내층에 있는 피막을 상피성 모낭, 외측에 있는 피막은 결합조직성 모낭이라고 한다.

(2) 모구

모구는 전구모양 또는 양파 모양으로 모근 밑에 둥글게 자리 잡고 있으며 모유두와 연결되어 있다. 모발과 이를 보호하는 내모근초와 외모근초가 만들어지는 중요한 곳이다.

(3) 모유두

모유두는 모낭 바닥에 있는 조직으로 가운데가 오목한 모양을 하고 있다. 모세혈관과 자율신경이 연결되어 있어 영양분과 산소를 운반하고 세포분열이 시작되는 곳으로 모발을 성장시키는 역할을 한다.

(4) 모모세포

모모세포는 모유두와 접해 있으며 가장 중요한 모발 구성의 기본 요소이다. 모세혈관을 통해 모유두에 영양분과 산소를 공급하고, 활발한 세포분열과 증식을 하여 모발을 성장시키는 것이다. 즉, 모유두 정점 부분에서는 모수질이 된 세포가, 그 아래 부분에서는 모피질이 된 세포가, 가장 아래 외측에서 모표피가 된 세포가 분열하여 위로 밀리며 모발의 형태를 갖추어 성장하게 된다.

(5) 피지선

모근 부위의 1/3 지점에 위치하며 모낭 벽을 따라 피부 표면으로 피지를 분비하고 손, 발바닥을 제외한 전신에 분포되어 있다. 피지선은 각질층을 유연하게 해주어 피부를 매끄럽게 해주며 피부의 수분 증발을 방지하고, 세균 침입을 막아준다.

(6) 입모근(기모근)

날씨가 춥거나 공포감을 느끼면 입모근이 수축하여 털을 세우고 소름이 돋는 현상을 나타내는 근육이다. 입모근이 수축하면 모공이 닫혀 체온 손실을 막아주는 역할을 하며 입모근의 잦은 수축은 피지 분비를 촉진한다.

(7) 색소세포

모모세포분열 시 모모세포에 있는 색소세포로부터 생성되어 연한 모피질속에 같이 함유하여 모발의 색을 결정한다. 인종과 개인에 따라 색소 입자에 따른 차이로 다양한 색이 나타나게 된다.

2) 모간부

모간부는 육안으로 확인할 수 있는 모발을 의미하며, 모발의 단면을 보면 중심을 둘러싸고 3개의 층으로 이루어져 있다. 중심을 모수질이고 그 주위를 모피질이 둘러싸고 바깥 표면은 모표피라고 한다. 모발의 약 90% 이상이 케라틴 단백질로 되어 있으며, 모간부는 가장 바깥층부터 모표피, 모피질, 모수질로 이루어져 있다.

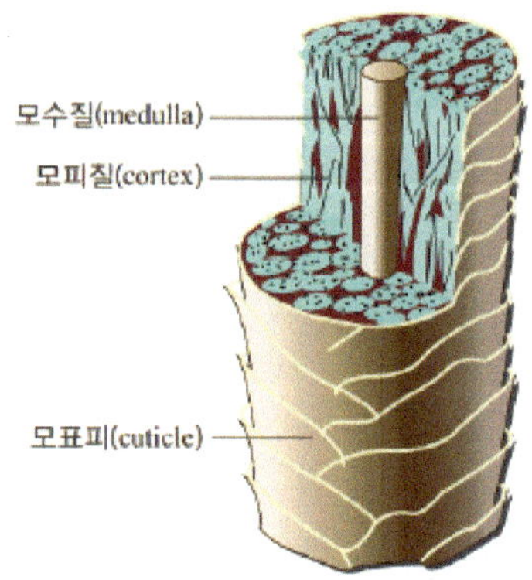

그림 1-4 모간부의 구조

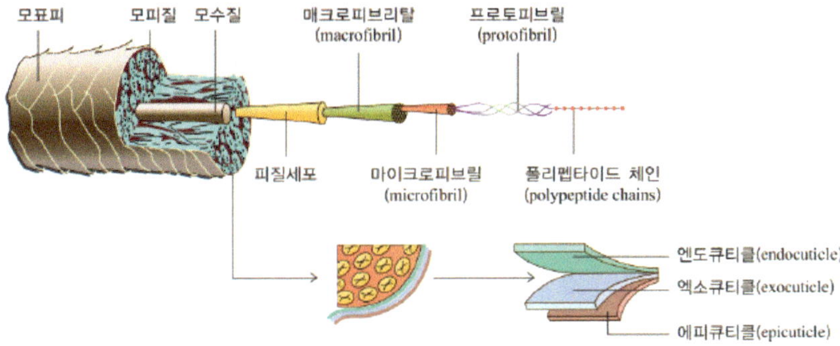

그림 1-5 모발의 미세구조

(1) 모표피

모발의 가장 바깥쪽에 존재하는 층으로 모발 전체의 10~15%를 차지하고 있으며 반투명의 단단한 케라틴으로 구성되어 있다. 인종과 개인에 따라 5~15층으로 모표피가 겹쳐진 문리 모양으로 모발을 보호해주고 광택을 내며 모발 손상의 척도가 되는 곳이다. 친유성으로서 물과 약품의 침투와 작용에 대한 저항력이 있으며, 물리적인 자극으로 모표피의 손상, 박리, 탈락 등이 발생되면 모피질에 손상을 주게 된다. 모표피는 가장 바깥층부터 에피큐티클(epicuticle, 최외표피), 엑소큐티클(exocuticle, 외표피), 엔도큐티클(endocuticle, 내표피)의 3개 층으로 구성되어 있다.

그림 1-6 모표피 횡단면 구조

① 에피큐티클(epicuticle, 최외표피)

모표피의 가장 바깥층, 수증기는 통과하지만 물을 통과하지 못한다. 친유성으로 화학약품에 저항성이 높은 층으로 단단하기는 하지만 부스러지기 쉬워 물리적인 자극을 받으면 손상되기 쉽다.

② 엑소큐티클(exocuticle, 외표피)

시스틴 함량이 높으며 불안정하여 펌제에 의한 시스틴 결합을 절단하는 약품의 작용이나 화학적 약품의 자극에 약하다.

③ 엔도큐티클(endocuticle, 내표피)

친수성으로 시스틴 함량이 적어 약품에 대한 저항력이 강하나 알칼리성에는 약하다.

(2) 모피질

모발의 가장 많은 부분으로 80~90%를 차지하며 섬유조직으로 구성되어 있다. 모피질은 폴리펩티드 결합인 피질세포와 세포와 세포간을 결합하고 연결해 주는 간충물질로 구성되어 있다. 모피질은 탄력과 강도, 과립식의 멜라닌을 함유하고 친수성의 성질을 가지고 있으며 약제의 작용을 쉽게 받기 때문에 펌제, 염모제와 밀접한 관련이 있다.

① 피질세포

- 거대섬유(매크로 피브릴, macro fibrile) : 마이크로 피브릴+간충물질
  거대섬유는 장축 방향의 섬유조직으로 조직 사이에 불규칙한 간충물질로 구성되어 있다.
- 미세섬유(마이크로 피브릴, micro fibrile) : 프로토 피브릴 5~11개 미세섬유 조직 사이에 간충물질이 있다.
- 원섬유(프로토 피브릴, proto fibrile) : 폴리펩티드 2~3개 원섬유는 아미노산의 폴리펩티드 결합으로 되어 있으며, 원통모양으로 구성되어 있다.

② 간충물질

간충물질은 케라틴 분자 타입이 비결정형으로 수소결합이 약하여 화학 반응으로 손상받기 쉬우며 피질세포 사이를 연결해 주며 모발의 컬과 탄력성을 결정한다. 모발을 구성하는 간충물질의 약 49% 이상을 세라마이드라는 성분이 차지하며 수분 증발을 억제하고 섬유와 섬유 사이를 결합하는 시멘트 역할을 한다.

(3) 모수질

모수질은 모발의 가장 중심부로 벌집 모양의 다각형 세포로 모발의 굵기에 따라 존재 유무가 달라서 연모에는 없는 경우도 있으나 경모에는 존재한다. 벌집 모양을 한 빈공간 속에 공기를 함유하고 있어 보온의 역할을 하는데 추운 지방 동물일수록 모수질이 특히 발달되어 있다.

일반적으로 모수질이 많은 모발은 퍼머넌트 웨이브가 탄력 있게 나오는데 이는 퍼머넌트 약제의 찌꺼기가 모수질로 배출하기 때문이다.

3) 모발의 성장주기(Hair Cycle)

각각의 모발은 독립된 수명을 지니며, 성장, 탈락, 신생의 주기를 반복하는데 이를 모주기라고 한다. 모발은 모구의 모유두와 연결되어 있는 모세혈관에서 영양분과 산소를 공급받아 생성되므로 모유두가 없으면 모발이 성장하지 않는다. 모유두의 수는 태어날 때부터 정해져있지 때문에 후천적으로 새로 생산되지 않고 모유두의 수에 따라 모발의 수가 결정된다. 모유두는 계속적으로 모발을 만들고 성장시키지 않고 어느 정도 활동을 계속하고 일시적으로 활동을 멈추고 다시 시작한다. 즉, 모유두의 활동이 왕성하여 모발을 성장시키는 성장기, 모근부가 수축되어 모유두와 분리되면서 성장이 점차 늦어지는 퇴행기, 모유두가 활동을 완전히 멈추는 시기인 휴지기, 모유두가 다시 활동을 시작하여 세포분열을 시작하는 발생기, 이렇게 4주기를 계속 거치게 되는데 이를 헤어싸이클 이라고 하며 주기적인 싸이클을 거치면서 모발은 성장과 자연탈모를 반복한다.

모발은 각각의 다른 성장주기를 가지고 있는데 동물처럼 모발 전체의 모주기가 같은 것을 싱크로나이즈 타입이라 하고 사람처럼 각각의 다른 모주기를 가지는 것을 모자이크 타입이라고 한다.

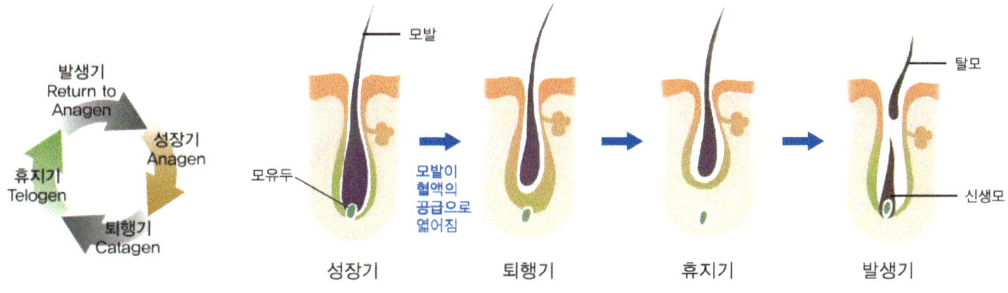

그림 1-7 모발의 성장주기

(1) 성장기

성장기는 전체가 성장하는 기간으로 모모세포가 모유두에 접해 있는 모세혈관으로부터 영양을 공급받아 활발한 세포분열 일으켜 새로운 모발이 생성되어 성장하는 단계이다. 성장기의 기간은 남성은 3~5년, 여성은 4~6년으로 전체 모발의 80~90% 정도가 이 시에 속한다. 성장기 단계의 모발은 평균 1개월 기준으로 1~1.5cm정도 자라며, 1년에 약 12~15cm 자란다. 그러나 건강상태, 질병의 유무, 음식, 호르몬, 연령, 유전 등에 따라 변화될 수 있다.

(2) 퇴행기

퇴행기는 약 5년간의 성장기가 끝나고 모발의 형태를 유지하면서 모발의 성장이 정지되는 단계이다. 이 시기에 모구부는 수축하여 모유두와 분리되고 모낭이 위축되어 모근이 위쪽으로 밀리면서 세포분열이 정지된다. 퇴행기에 해당되는 모발은 전체 모발 중 1%를 차지하며 퇴행기 기간은 2~3주 정도이다.

(3) 휴지기

휴지기는 모낭과 모유두가 완전히 분리되어 모근이 위쪽으로 밀려 올라가 모발이 빠지는 시기이다. 휴지기 기간은 3~5개월로 전체 모발의 10% 정도가 해당되며, 이 기간보다 더욱 길어지면 비정상적 탈모, 즉 휴지기 탈모라고 한다. 산모의 경우 급격한 호르몬의 영향으로 전체 모발의 30~40%가 이 시기에 해당되지만 시간이 지나면 다시 회복된다. 휴지기의 모발이라고 해서 바로 빠지는 것이 아니라 강한 브러싱이나 마찰에 의해 차츰 빠지게 된다.

(4) 발생기

발생기는 휴지기 기간 동안 정지해 있던 모유두가 모구부와의 결합으로 다시 세포분열이 일어나는 시기이다. 새로운 모발이 자라면서 휴지기의 노화된 모발을 밀어내 빠지게 한다. 이와 같이 모발은 한 가닥 한 가닥이 성장기, 퇴행기, 휴지기, 발생기의 4주기를 약 10~15회를 반복함으로써 모유두의 일생을 마친다. 모발은 각각의 독립된 주기에 따라 헤어싸이클을 거치면서 성장과 탈모를 반복하게 된다. 따라서 정상적인 사람의 경우 발생과 탈모가 계속 일어나면서 자신의 머리숱을 그대로 유지하게 되는 것이다.

모발의 색

모발의 색은 피부색과 마찬가지로 멜라닌의 합성 정도에 따라 결정된다. 정상적인 사람에게는 멜라닌을 만들어내는 멜라닌 형성세포가 있어 색소형성 과정을 거쳐 인종, 개인에 따라 다양한 모발색을 가지게 된다.

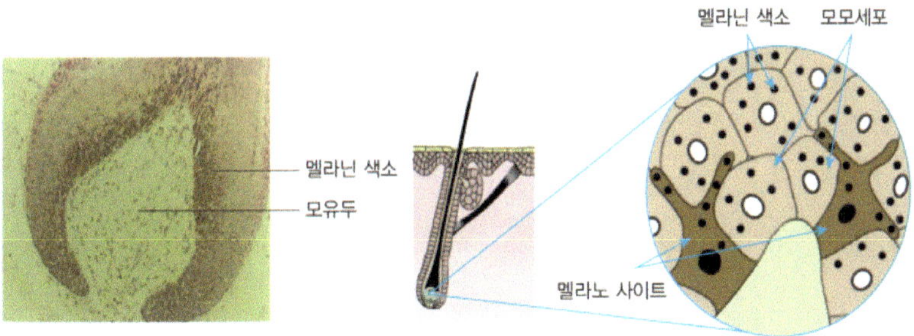

그림 1-8 멜라닌 세포

1) 멜라닌의 기능

멜라닌은 모발의 색상을 결정하고 두피를 과도한 자외선으로부터 보호하는 중요한 역할을 한다.

2) 멜라닌 색소

멜라닌 색소는 모모세포 상부에 존재하는 색소형성세포에 의해 생성되어 아미노산의 일종인 티로신이 티로시나아제에 의해 산화되고 도파로, 다시 산화하여 도파퀴논이 생성된다. 이러한 중합과정을 거쳐 형성된 멜라닌 과립은 타원형의 형태로 모발의 피질 세포내에 존재하였다가 모발의 성장과 함께 차츰 상부로 이동하게 된다.

멜라닌 색소의 종류로 황인종이나 흑인종에 많은 갈색이나 검은색의 유멜라닌과 백인종들에게 많은 노란색이나 붉은색의 페오멜라닌으로 구분된다.

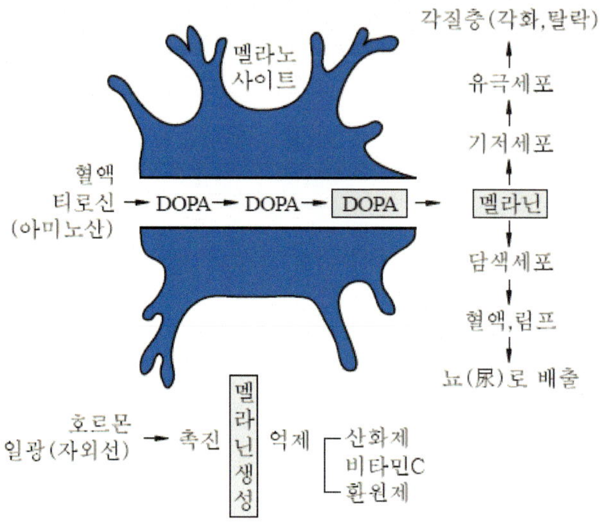

그림 1-9 멜라닌 생성과정

(1) 유멜라닌

유멜라닌은 주로 갈색이나 검은색을 나타내는 색소로 흑인이나 동양인들의 피부색과 모발색을 결정한다. 쌀알형태의 타원형으로 분자량이 높은 중합체로 물에 용해되지 않는다.

색소의 수가 많고 형태가 클수록 어두운색에 가깝다. 흑갈색의 모발을 과산화수소로 탈색시켰을 때 색상이 약간 붉게 보이는 것은 바로 유멜라닌이 먼저 파괴되고 페오멜라닌이 남아있기 때문이다. 이는 유멜라닌이 탈색이 잘되기 때문이다.

(2) 페오멜라닌

페오멜라닌은 노란색이나 빨간색을 나타내는 색소로 주로 서양인들의 피부색과 모발색을 결정하며 유멜라닌에 비해 색과 입자가 더 작고 좁쌀형태의 타원형으로 되어 있다.

시스테인 함량이 많은 모발에는 페오멜라닌이 많이 존재한다.

모발의 기능

1) 보호의 기능

모발은 외부의 충격이나 직사광산선, 추위, 더위 등으로부터 인체를 보호하며, 털의 생성부위 따라 벌레(코털)나 이물질(코털, 귀털, 속눈썹 등), 땀의 유입(눈썹 등)등을 막아주기도 한다. 또한 두부에 존재하는 두발의 경우에는 외부의 충격으로부터 뇌를 보호하는 중요한 기능을 지니고 있으며, 겨드랑이 털의 경우에는 피부 사이의 마찰로부터 피부손상을 막아준다.

2) 배출의 기능

인체의 털은 몸 안에 쌓여있는 수은, 비소, 납 등의 중금속을 체외로 배출하고 있으며 모발에 존재하는 미네랄의 함유량 및 중금속 수치 파악 등을 통하여 인체의 건강상태를 파악하는 자료로 활용하고 있다.

3) 장식의 기능

현대사회에서 가장 부각되는 기능으로 사람의 이미지를 나타내는 요소로서 모발은 인간의 외모를 변화시키는 동시에 아름다움과 개인의 개성을 표현하는 장식적 기능을 가진다.

4) 감각 전달의 기능

모발은 우리가 육안으로 확인할 수 있는 모간 부위로 세포분열 능력이 없는 죽은 세포로서 감각이 없기 때문에 어떤 물체의 접촉에도 닿는 느낌을 느낄 수 없으나 모근부 주위에 존재하는 지각신경에 의하여 외부 자극에 인체 반응하도록 하는 기능을 가진다.

모발의 분류

1) 모류에 따른 분류

피부의 각각의 털이 동일한 방향으로 일정한 것을 모류라고 하는데 헤어스타일을 만드는데 이 모류 방향이 이용된다. 주로 두정부에서 모류가 소용돌이 모양을 하고 있는데 이를 가마라고 한다.

(1) 홀

크라운 부분에서 원형의 모양을 형성하는 것을 말한다.

(2) 카우릭

이마 앞부분이 눈에 띄게 뻗쳐 있는 형태로 두피의 다른 부분에도 나타날 수 있다.

2) 모발의 굵기에 따른 분류

(1) 취모

취모는 태아가 발생하여 약 20주간이 되어 처음으로 나타나는 굵기 0.02mm의 가늘고 연한 색깔의 모발로 출생 무렵에 탈락되고 연모로 대체된다.

(2) 연모

연모는 몸 대부분을 덮고 있는 굵기 0.08.mm 이하의 짧고 가늘며 색소가 거의 없어 눈에 잘 띄지 않는 섬세한 털을 말한다. 인체 부위에 따라 풍부한 색소를 갖게 되며 굵고 튼튼한 종모로 대체된다.

연모에는 모수질이 존재하지 않을 수 있으며 사춘기 이전의 모발에서 볼 수 있으나 탈모가 진행 중인 모발에서도 볼 수 있다.

(3) 중간모

중간모는 연모와 종모 사이의 구분이 애매한 모발을 말한다. 구별은 길이보다 지경에 의하여 구별되는데 대부분의 연모는 직경이 0.05~0.07mm이며, 대부분의 종모는 0.08~0.1mm이다.

(4) 종모(성모)

종모는 0.15~0.2mm 정도의 단단한 케라틴 단백질이 결합된 길고 굵은 털로 성인의 머리카락, 눈썹, 속눈썹, 수염, 겨드랑이 및 음부 등의 모든 털을 말한다. 종모는 멜라닌 색소가 풍부하고 연모가 종모로 대체되는 정도는 유전적 소인 및 내분비기관의 영향을 받는다. 모발의 굵기 변화는 여성의 경우 30세 이후, 남성의 경우 24세 이후부터 차츰 연모화 현상이 일어나는데 연령, 성별, 환경, 건강 상태, 탈모 진행 정도, 인종에 따라 다르다.

3) 형태에 따른 분류

(1) 직모

직모는 동양인에게 많은 형태로 모경지수가 75~85 정도로 직선상 모양의 머리카락이다. 모낭이 피부 표면으로부터 직선으로 세워져 있으며 모발 단면은 굵고 둥근형이다.

(2) 파상모

파상모는 모경지수가 62~72 정도로 웨이브가 있는 반곱슬 형태의 모발이다. 모낭이 피부 표면으로부터 비스듬히 누워있으며 모발 단면은 타원형이며 백인종이 이에 해당된다.

(3) 축모

축모는 모경지수가 50~60정도로 매우 작게 오그라진 곱슬모로 오그라진 것과 나선모가 있다. 나선모는 머리카락이 나선상으로 오그라들어 큰 콩알만한 크기로 조금씩 모여서 두피쪽으로 뭉치는 형태로 곱슬 정도가 매우 강하다. 모낭이 피부 표면으로부터 굽어진 형태로 모발 단면 모양이 납작한 형태이며 흑인종이 이에 속한다.

(4) 모경지수

모발의 형태에 따라 곱슬거리는 정도를 수치로 나타낸 것을 모경 지수라 한다.

- 인종별 모경지수 : 흑인 50~60, 백인 62~72, 동양인 75~85, 에스키모인 77, 티벳인 80 (모경지수가 80미만인 경 곱슬머리일 확률이 높음)

모경지수 = 모발의 단경(최소직경) / 모발의 장경(최대직경) × 100

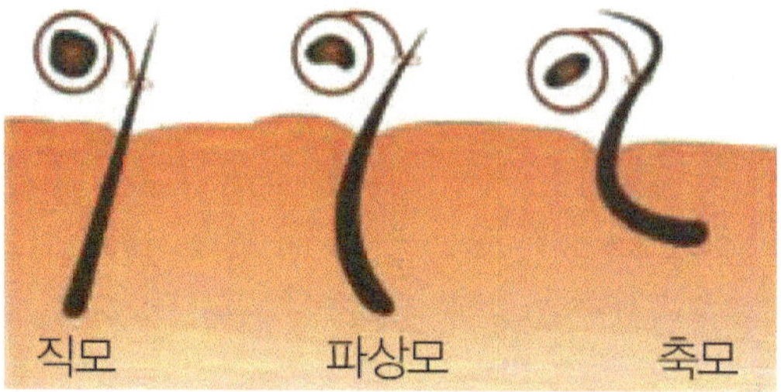

그림 1-10 모발의 형태

모발의 특성

1) 모발의 물리적 특성

(1) 모발의 흡습성

모발은 습한 공기 중에서 수분을 흡수(흡습)하고 건조한 공기 중에서는 수분을 발산(탈습)하는 성질, 즉 흡습성을 가진다. 모발은 공기 중의 보통 상태에서는 10~15% 수분을 포함하고 있다.

샴푸한 직후는 30~35%, 드라이기로 건조해도 10% 전후의 물을 흡착하고 있다. 흡착량은 습도와 온도의 영향을 받아 변동하고 모발이 손상되면 흡착물도 많아진다. 흡착물이 많게 됨에 따라 체적과 중량이 크게 된다. 이 체적의 증대를 가져오는 흡착 현상을 팽윤이라 한다.

모발의 흡습성은 모발의 인장강도, 신장률, 탄성, 대전성과 같은 물리적 성질과 염색 및 탈색, 퍼머 등의 여러 가지 화학적 성질에 영향을 주며, 헤어스타일링에도 큰 영향을 준다.

(2) 모발의 팽윤성

어떤 물체가 액체를 흡수하여 그 본질을 변화하지 않고 체적을 늘이는 현상을 팽윤이라한다. 팽윤이 어느 정도 진행되면 그 이상 진행하지 않는 유한 팽윤과 제한없이 진행되어 최후에는 용액이 되어버리는 무한 팽윤이 있는데 모발은 유한 팽윤, 케라틴은 무한 팽윤이다.

모발에 물이 닿으면 길이가 1~2% 길어지고 굵기는 12~15% 정도 굵어지며 중량은 30~40% 증가한다. 모발은 수중(水中)에서 팽윤에달하는데 실온에서 15분 이상, 고온에서는 5분 이내로 거의 팽창에 가까운 팽윤도가 된다. 팽윤된 모발을 공기 중에 방치했을 때 서서히 수분이 감소하며, 처음에는 급속히 수분이 감소하고 수분이 5% 이하가 되면 속도는 저하된다. 중량 증가율과 팽윤도라고 하는 것은 차이가 있으나 중량 증가가 팽윤(체적 증가)의 표준이 되기 때문에 중량 증가율을 일반적으로 팽윤도라고 한다.

(3) 모발의 열변성

열이 모발에 미치는 영향은 건열이나 습열에 따라 차이가 있다. 건열에서는 외관적으로 120℃ 전 · 후에서 팽윤되고130~150℃에서 변색이 시작되어 270~300℃가 되면 타서 분해하기 시작한다. 기계적인 강도는 80~100℃에서 약화되기 시작한다. 습열에서는 100℃에서 시스틴이 감소되고 130℃에서 케라틴 구조의 변형을 가져온다.

화학적으로는 150℃ 전 · 후에서 시스틴(cystine)이 감소된다.

케라틴의 변성은 습도 70%에서 70℃부터 시작되지만 습도 97%에서는 60℃에서 시작된다.

(4) 모발의 광변성

태양광선은 파장이 긴 방향으로부터 적외선, 가시광선, 자외선 3개로 구별되고 있다.

그 중 모발에 영향을 미치는 것은 적외선과 자외선이다. 적외선은 열선으로 알려져 있으며 물체에 닿으면 열을 발생시킨다.

모발의 케라틴은 열에 의해 어느 정도는 측쇄결합이 파괴되고 손상(열변성)을 받는다. 화학선이라고 하는 자외선은 모발의 손상에 치명적이다.

양모에 대한 보고에 의하면 광화학적 반응에 의해 시스틴이 감소하고 알칼리 용해도는 모발 케라틴의 손상도에 비례해서 증가하기 때문에 용해도를 측정함으로써 모발 손상의 정도를 알 수 있다. 자외선에 의한 모발 케라틴의 변성이라 할 수 있다.

(5) 모발의 대전성

모발을 브러싱 혹은 빗질할 때 브러시와 빗에 모발이 붙는다거나 모발끼리 반발하여 한데 엉키거나 하면 세트(set)가 잘되지 않는 일이다. 이 현상이 일어나는 것은 마찰에 의해 모발은 +로, 브러시는 −로 대전하기 때문에 +전기를 가진 모발끼리는 서로 반발하고 +전기를 가진 모발과 −의 전기를 가진 브러시는 서로 끌어당기려 한다.

이때, 마찰을 적게 하거나 습기를 보충하면 정전기는 발생하지 않는다. 정전기 방지제로서 실리콘, 유지, 계면활성제, 습윤제등이 용해되고 이들을 배합한 일용품, 모발 용품 등이 시판되고 있다.

(6) 모발의 표면적 특성

모발 전체의 면적은 매우 커서 간단한 계산으로 20cm 길이(직경 80mm)의 정상 모발이 6m^{2}의 면적을 차지함을 알 수 있다. 한 가닥의 머리카락도 모근, 모 중간, 모선의 부위에 따라 다양하다. 모근에서 모선쪽으로 갈수록 약하고 가늘어지며 외부에 대한 저항력도 약해진다.

(7) 모발의 pH

pH란 수용액 중의 수소이온농도를 지수로 표시하는 단위로서 산성, 알칼리성의 정도를 나타내는 수치이다. 수분이 함유된 물질만 pH 측정이 가능하다.

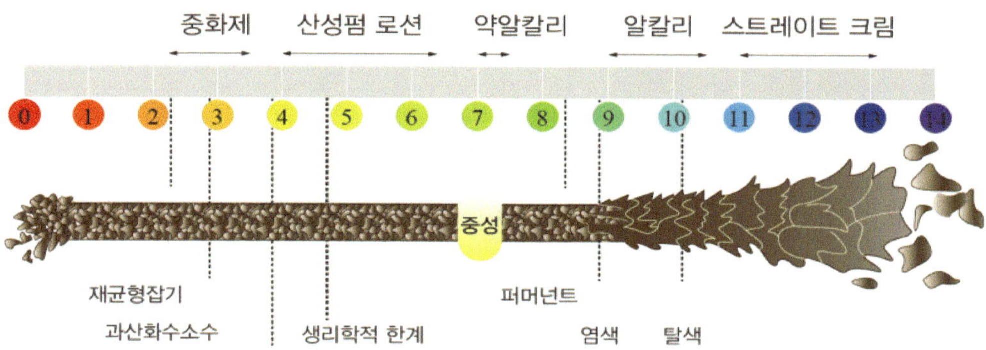

그림 1-11 모발의 pH

2) 모발의 역학적 특성

(1) 모발의 밀도

일정 넓이에 차지하고 있는 모발량을 말하는데 인종에 따라 밀도가 달라진다. 한국인의 평균 모발 밀도는 정수리 기준 1㎠당 130~140개, 뒤통수 기준 1㎠당 100~130개이다. 일반적으로 66개 까지를 저밀도, 67~130개 까지를 중밀도, 130~190개 까지를 고밀도라고 구분한다.

(2) 모발의 강도

모발 한 가닥에 힘을 주어 당겼을 경우 모발이 끊어질 때 필요한 힘을 모발의 강도라고 한다. 일반적인 평균 강도는 약 150g 정도가 필요하며 모발의 굵기, 모발의 손상정도, 영양상태, 수분 함량 등에 따라 차이가 있다. 모발의 손상 정도를 간접적으로 확인할 수 있다.

(3) 모발의 탄성

모발의 수분 함량 및 손상 정도 등에 따라 다르며, 특히 모발의 수분 함량에 따라 크게 영향을 미친다. 건조모는 약 30~40%까지 늘어나고, 수분의 함량이 많은 경우 모발의 길이가 1.5~2배 정도까지 길이가 늘어난다.

3) 모발의 손상

모발 손상은 큐티클층 사이에 빈공간이 생겨서 큐티클층이 들뜨거나 파괴되어 층의 수가 적어지거나 큐티클층 사이의 결합력이 약해져서 큐티클층이 서로 떨어지는 현상이다. 가장 흔히 나타나는 모발손상 원인은 염색, 탈색, 펌, 샴푸, 드라이, 아이론 등의 미용시술을 들 수 있지만 이 외에도 손상 원인은 다양하다.

(1) 영양소 결핍에 의한 손상

모발의 생성을 위해서는 단백질이 아미노산으로 분해되어 모모세포에게 흡수되기 까지의 영양소 섭취가 필수적이다. 그러므로 심한 다이어트나 편식 등을 포함한 영양분의 결핍은 모발의 성장과 기능을 약화시킨다고 할 수 있다.

(2) 마찰에 의한 손상

과도한 브러싱이나 샴푸, 타월 드라이 등은 모발 사이의 마찰과 자극을 초래하며, 이는 모발의 가장 바깥에 위치한 모표피층의 손상을 가져올 수 있다.

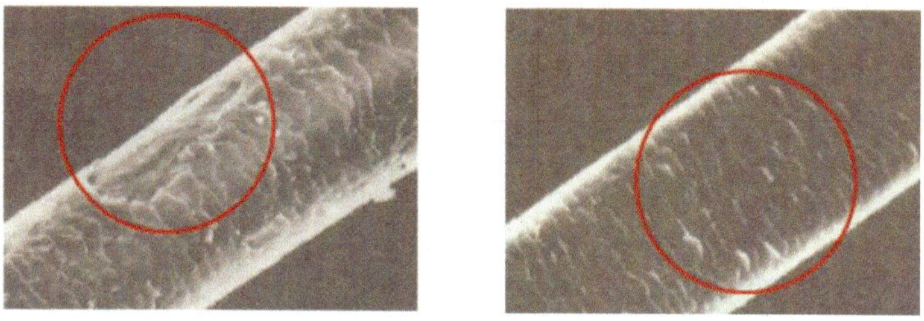

모표피의 들뜸에 의한 모피질층　　심한 마찰에 의한 표피 제거모발

그림 1-12 샴푸에 의한 모발손상

(3) 열에 의한 손상

120℃ 이상의 고온에서 시술되는 블로우 드라이나 전기 아이론은 케라틴 단백질의 변성을 일으켜 모발의 기능을 약화시킬 뿐만 아니라 많은 손상을 가져온다. 특히 130~150℃ 이상의 열을 모발에 가하면 팽창하여 변형을 일으키며, 검은 모발의 경우 다갈색으로 색상 변화가 생기고 모발의 탄력성이 떨어지게 된다.

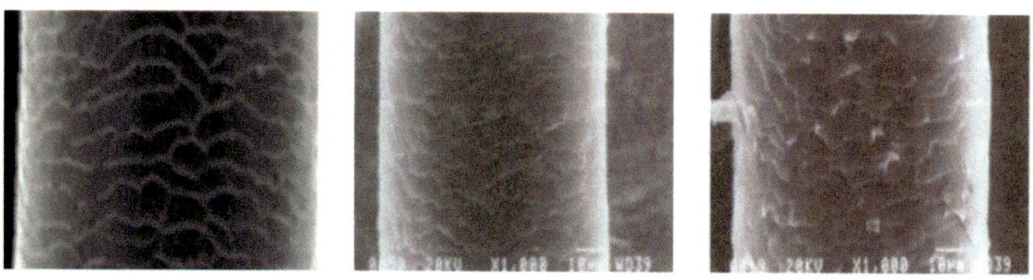

건강모발　　180 ℃ 플랫 아이론 처리　　퍼머 후180 ℃ 플랫 아이론 처리

그림 1-13 열에 의한 모발손상

(4) 잘못된 커트에 의한 손상

심하게 건조한 모발을 컷트하거나 테이퍼링, 스트록 컷, 슬라이싱 등의 테크닉을 사용한 경우나 날이 날카롭지 못한 가위로 커트할 경우, 커트 기술이 미숙하여 모표피를 깍아 버

리는 경우, 커트한 부분과 손상된 부분의 모피질 수분이 증발하거나 약제가 침투하기 쉽게 되면 모발의 손상이 쉽게 발생한다. 날이 잘드는 가위를 사용하고 모발의 절단면을 트리트먼트 등으로 보호할 필요가 있다.

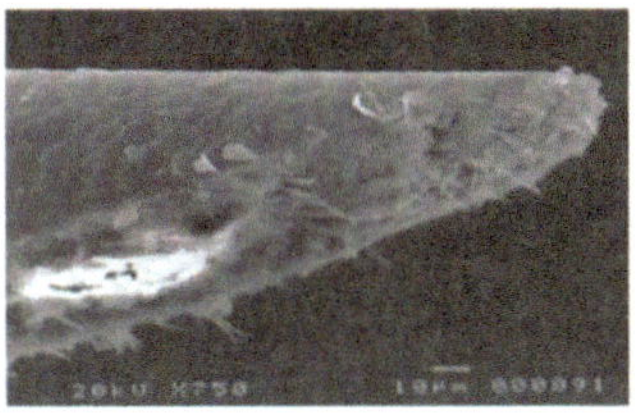

커트 가위Scissor에 의한 커트 단면

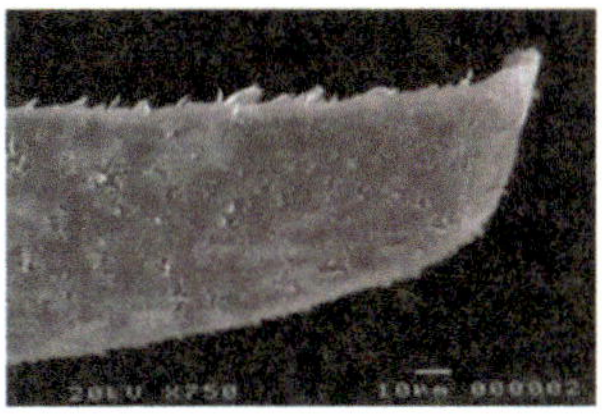

레저Razor에 의한 커트 단면

그림 1-14 커트기구에 의한 모발손상

(5) 퍼머넌트 약품에 의한 손상

1제 성분의 알칼리제의 과용과 오용, 방치시간의 초과는 모표피의 과도한 연화를 가져오며, 1제 성분의 환원제는 모발 케라틴의 시스틴결합을 과하게 환원시키므로 모발은 탄력을 잃고 늘어지게 되어 신장률이 커지게 되는 반면, 모발의 강도는 저하되어 모발이 쉽게 용해되어 끊어지게 된다.

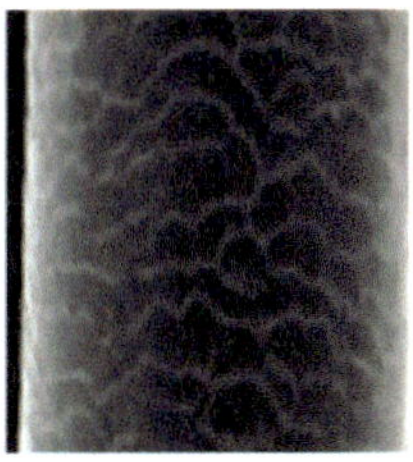

건강한 모발

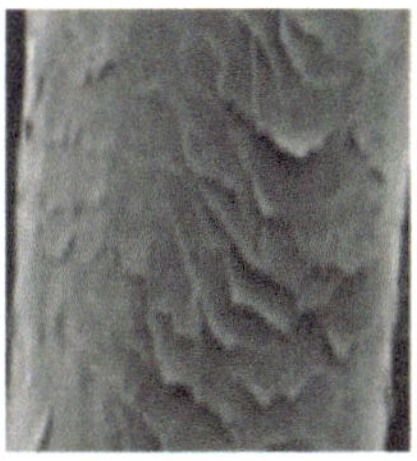

탈색으로 인한 손상

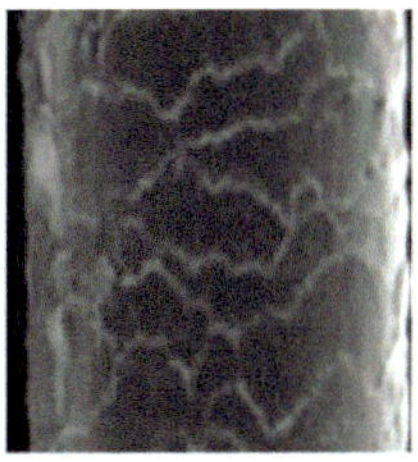

매직 퍼머 손상

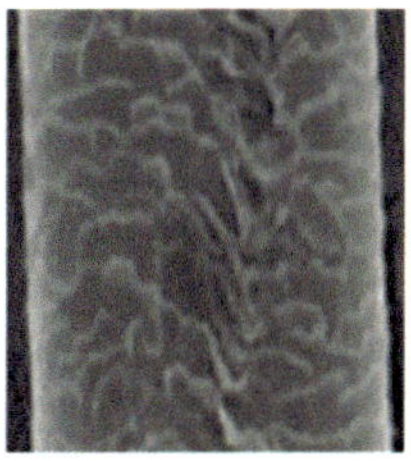

퍼머 + 염색

그림 1-15 퍼머넌트 시술에 의한 모발손상

(6) 염·탈색에 의한 손상

화학적인 시술에 해당되는 염색과 탈색은 알칼리제로 인하여 모표피의 팽윤을 가져오므로 손상이 유발된다. 염색제와 탈색제에는 알칼리제 외에 과산화수소를 함유하고 있어 멜라닌 색소를 파괴함과 동시에 알칼리제에 의한 모발의 결합력을 약화시키기 때문이다.

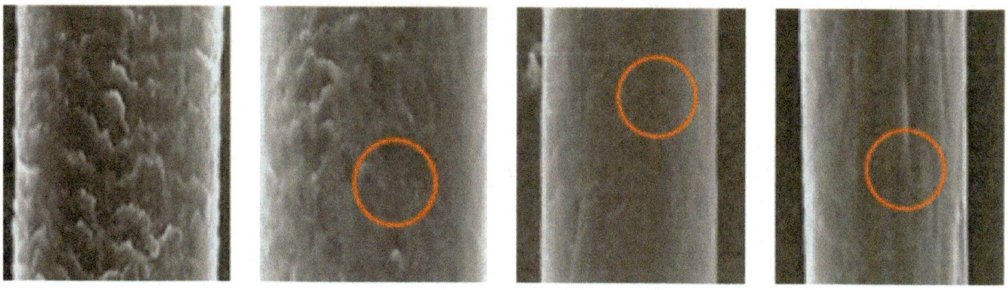

그림 1-16 과도한 염색과 탈색으로 인한 모발손상

(7) 환경적인 요소에 의한 손상

각종의 화학약품에 모발이 자주 노출되는 경우난 공장의 매연, 자동차의 배기가스에서 나온 유황, 질소화합물이 모발에 부착되는 경우, 미세먼지, 바닷물에 모발이 적셔졌을 경우, 스프레이나 무스 등 헤어 스타일링 제를 사용한 후 세정이 제대로 되지 않아서 잔여물이 남아있는 경우 모발의 물리적, 화학적 손상을 일으키는 원인이 된다.

모발구조의 이상증상

1) 모발의 이상증상

(1) 연주모

두발 형성의 이상으로 모간의 두께가 고르지 않고 결절모양을 보이며 결절 부위에서 모발이 쉽게 잘 부서진다. 모낭의 각화현상이 현저하게 나타나며 두개피는 꺼칠거리고 건조하다. 여름철이나 임신 중에 증세가 호전되나 출산 후에 다시 나빠진다. 두피와 눈썹, 음부, 액와부에도 침범할 수 있다. 모공성 각화증이 동반된다.

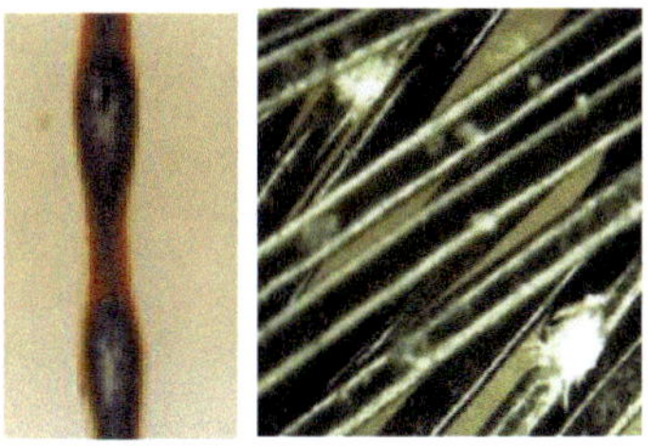

그림 1-17 연주모

(2) 염전모

선천성인 경우 우성으로 유전되며, 후천성인 경우엔 다른 피부 및 전신이상을 동반한 여러 증후군과 연관되어 나타날 수 있다.

주로 유아기나 소아기에서 볼 수 있으며 두발에 가장 잘 나타날 수 있으나 때로는 소아기 두피나, 눈썹, 속눈썹에도 나타날 수 있다. 모발은 장축에 따라 나사 모양으로 꼬이며 편평하게 된다. 색이 옅은 부위와 진한 부분으로 나타나기 때문에 반짝반짝 빛나는 양상을 볼 수 있으며, 임상적으로 부분적 탈모 현상이 나타나고 모발은 짧아 부서지기 쉽다. 정신 지체나 각막 혼탁, 손톱 기형 등과 동반될 수 있다. 후에 정상으로 된다.

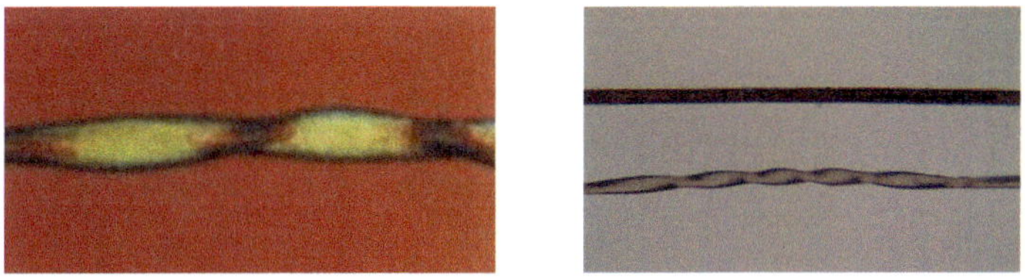

그림 1-18 염전모

(3) 함입성 열모증

대나무 모양의 털이라고도 하며 각화를 시작하는 부위에서 모간이 겹치게 되어 말려 들어가 결절이 형성되어 생긴다. 이런 두발은 결절 모양의 공과 소켓 모양으로 이어진 마디가 모간에 나타나므로 대나무처럼 보인다.

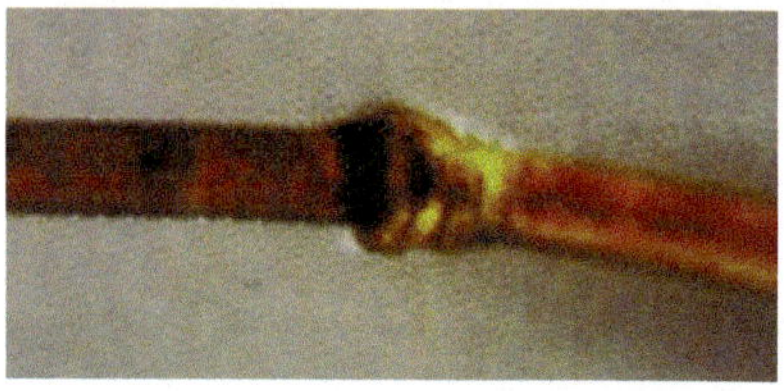
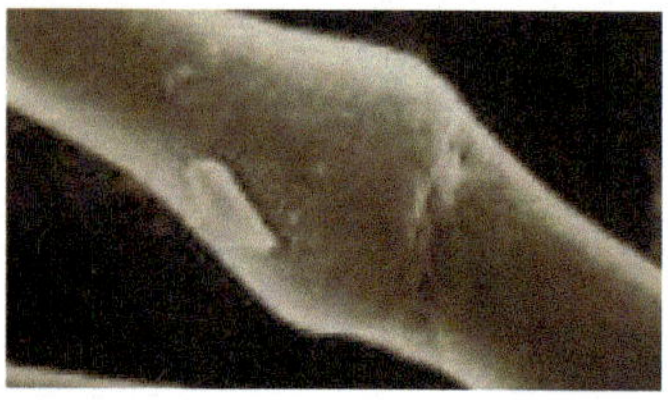

그림 1-19 함입성 열모증

(4) 결절성 열모증

짧은 모양 머리를 가리키는 전문용어로 모간에 회백색의 작은 결절이 생겨 쉽게 꺾어지는 질환이다. 주로 흑인 또는 흑인 모발과 유사한 성질을 가진 건조하고 웨이브형 모발에 나타나는 이상 현상이다. 결절성 두발손실 이라고도 하는데 두발이 부분적으로 손상되어 매듭처럼 얽혀 있으며 부서져 있다.

그림 1-20 결절성 열모증

(5) 양털 모양의 모발

가늘고 밀집된 양털 모양의 두발이 출생 시에 나타나서 아동기에 가장 심하며 어른이 되면 어느 정도 호전되는 질환이다. 양털 모양의 두발은 한 타래로 뭉쳐지는 경향이 있어 빗질이 힘들 정도이며 보통 12㎝ 이상 자라지 못한다.

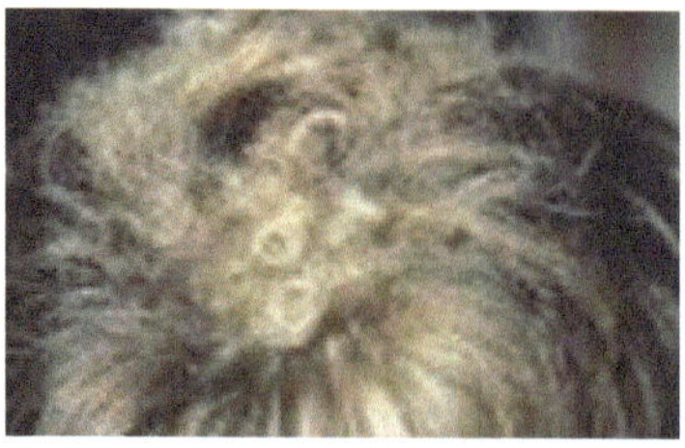

그림 1-21 양털 모양

(6) 조모증

남성형 털 과다증 이라고도 하며 일반적으로 턱, 가슴, 몸과 같이 남성과 여성의 신체 일부 중 털이 거의 없어야 하는 부분에 털이 과다한 것을 말한다. 사춘기 이후에도 발전할 경우 심각한 질병의 증상일 수 있다.

개인에 있어 조모증 여부를 판단하는데 있어서는 인종적 특징이 중요한 요인이 된다.

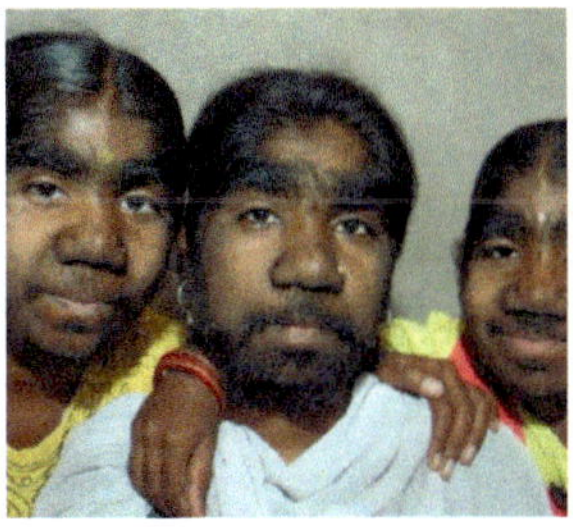

그림 1-22 조모증

(7) 매듭모

모간에 매듭이 형성되는 질환으로 두 가지 형태로 나뉜다. 첫 번째는 쉽게 부러지는 비정상적인 성장을 보이는 두발과 체모에서 발생되는 경우이고 두 번째는 정상적인 두발과 체모에서 발생되는 것으로 주로 빗질이나 마찰 등의 기계적인 힘의 원인으로 생각되는 형태이다. 모발에서 매듭이 발생하는 원인은 빗질이나 모발이 비벼지는 등 기계적 및 물리적인 힘에 의해 발생되며 계속된 빗질에 의해 매듭이 더욱 견고해지고 당겨져 모발이 부러지게 된다. 주로 흑인 머리에서 흔히 발생하는 것으로 알려져 있고 우리나라와 같이 짧고 곧은 머리에서 발생하는 것은 드문 것으로 알려져 있으나 국내에서도 드물게 보고되고 있다.

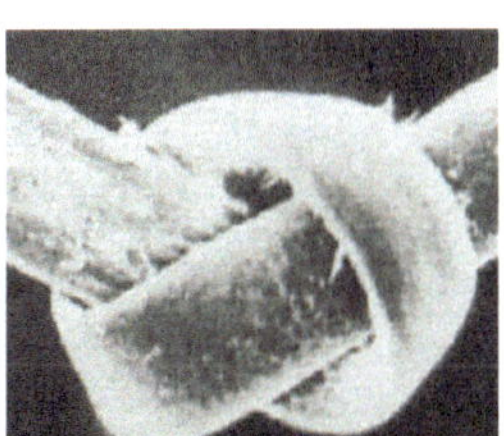

그림 1-23 매듭모

(8) 백륜모

백륜모는 보기 드문 선천성 질환으로 원인은 불확실하나 가족 질환으로 발생되고 머리카락에 착색된 띠와 착색되지 않은 띠가 교대로 형성되어 있으며 모피질내에 빈 공간이 생겨 빛의 차이에 의해 흑색과 백색 띠가 교대로 나타난다.

직경은 머리카락의 길이를 따라 똑같으며 유전자에 의한 유전적 현상으로 설명되고 치료법은 현재로서는 특별한 방법이 없다. 증세가 긴 기간 계속 유지되며 모발 염색만이 이 증상을 감출 수 있다.

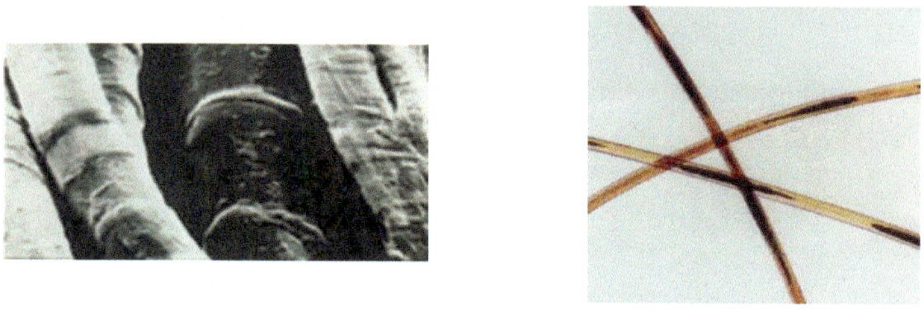

그림 1-24 백륜모

(9) 백모

선천적으로는 색소를 형성시킬 수 있는 능력이 유전적인 요인으로 색소결핍 현상으로 발생하며 후천적으로 정상두발을 가진 사람에게서도 일어난다. 선천적 유형은 원인에 따라 천천히 또는 빠르게 증상이 발전해 나간다. 노화와 더불어 일어나는 것이지만 성인 초기에 갑자기 찾아올 수도 있다. 원인은 스트레스, 신경의 긴장, 장기간의 질병, 여러 가지 소모성 질환, 유전 등이 있다.

2) 모낭과 관련된 이상증상

(1) 모낭염

모낭염은 표내성 모낭염과 심재성 모낭염이 있다. 표재성 모낭염은 작은 농포가 모공 입구에 발생하여 가렵고 통증이 있으나, 치료 시 흉터 없이 치유된다. 심재성 모낭염은 깊고 더 큰 농양과 연결되어 있다. 코털을 뽑거나 겨드랑이 털의 편도, 턱수염의 모류 반대 방향으로 면도함으로써 발생하며, 이때 반흔과 탈모를 일으킬 수 있다.

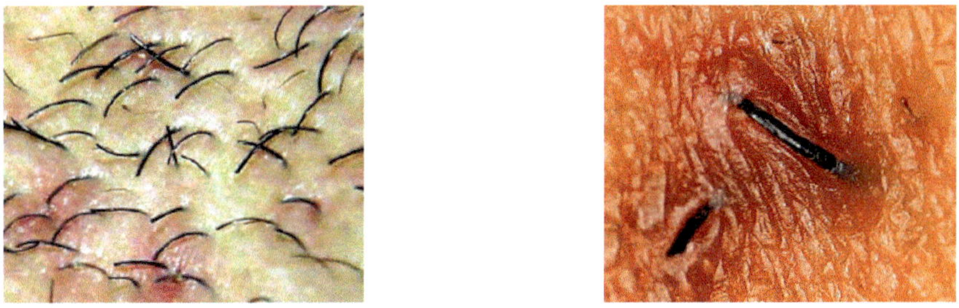

그림 1-25 모낭염

(2) 모낭각화증

모공 안에 각질을 형성하며 제거했을 때 함몰과 소용돌이 반점이 생기기도 한다. 두부에 사마귀 형태로 나타날수 있으며 비타민 E와 비타민 A의 지속적인 복용으로 완화될 수 있다.

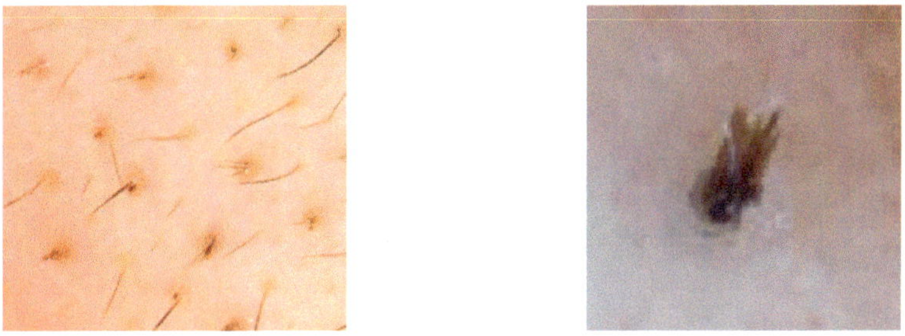

그림 1-26 모낭각화증

02

두피생리학

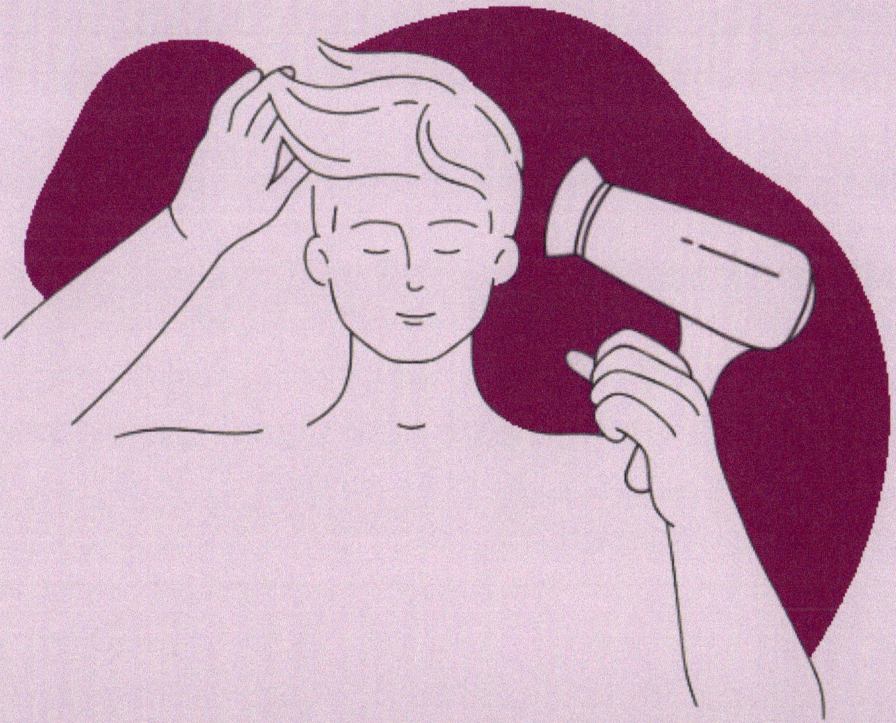

두피의 정의

인체를 덮고 있는 피부조직은 두부(頭部)를 보호하고 있는 피부 조직을 '두피(scalp)'라 한다. 인체의 가장 겉면에 위치하고 두개골을 싸고 있는 두피는 다른 어떤 부분보다 모낭과 혈관이 풍부하고 5-12개의 신경섬유를 갖고 있다. 조밀하고 섬세한 구조로 인해 화학적 작용(펌, 샴푸, 염색 등)이나 내적 이상(질병, 호르몬 이상, 내분비계 이상)에 대하여 민감하게 작용한다. 수분 70%, 단백질 27%, 지방 2.5%, 무기질(미네랄) 0.5% 정도로 이루어져 있으며, 머리를 덮고 있는 모발을 매개로 감각수용, 자외선, 더위, 추위, 체온조절 등의 여러 기능적 역할 및 미용적인 역할을 담당하며 두부 내부를 외부의 충격이나 압박으로부터 보호하고 인체의 중금속을 체외로 배출하며 모발의 생성에 관여한다.

두피의 구조

1) 표피(Epidermis)

표피층은 피부 중에서도 가장 바깥층으로 조직을 보호하고 수분 손실을 조절하며, 노폐물과 땀을 분비하며 외부로부터 유해한 물질이나 병원균이 체내에 침입하는 것을 방어하는 작용을 한다. 무핵층과 유핵층으로 구성되고 부위에 따라 표피의 두께는 가장 얇은 부분은 눈꺼풀 0.03-0.05mm, 가장 두꺼운 부분은 손바닥, 발바닥 1.5mm 이며, 혈관이 없고 기저 세포의 분열에 따라 각질을 형성하는 각화주기의 순서적 배열로 이루어진다. 진피층의 많은 혈관들이 영양분을 전달해 준다.

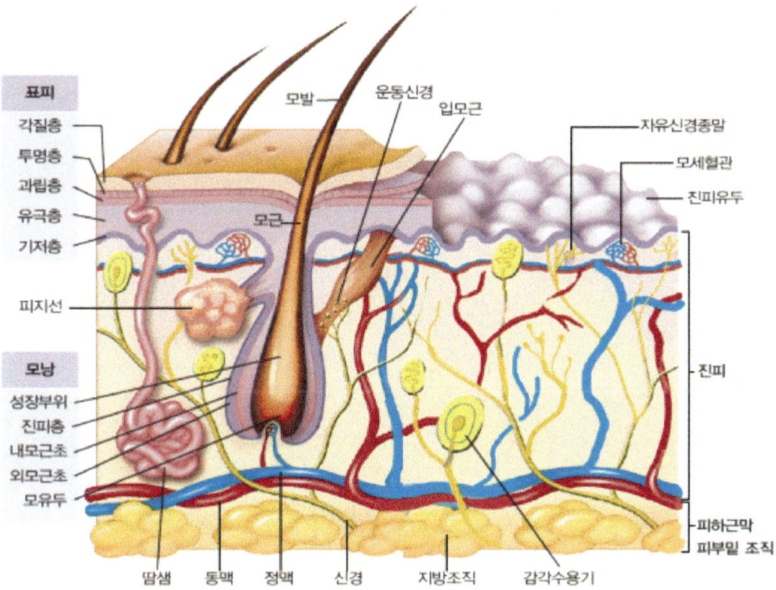

그림 2-1 피부의 구조

(1) 각질층(Horney layer)

피부의 최외부에 존재하는 1-20층(정상:19-20층, 지성:14-15층, 예민성:10-12, 노화피부: 30층)의 납작한 무핵세포층이며, 과립세포가 위로 올라와 각질세포로 채워진다. 수분 손실, 자극으로부터 두피를 보호 및 세균 침입을 방어하는 역할을 한다. 케라틴 약 58%, 천연보습인자(NMF) 약 31%, 세포간 지질 약 11%로 구성되어 있으며, 각화 산물인 각질층은 각질과 세포간 지질이 라멜라구조(피부장벽)로 이루어져 클렌징, 마사지 등의 마찰로 떨어져 나가고 두피관리 시 시술 부위이다.

각화주기(각질형성주기)

- 기저층에서 만들어진 세포가 각질층까지 올라와 일정 기간 머무르다 탈락되는 주기로 보통 표피의 재생기간은 28±3일 정도가 걸린다.
- 스트레스, 불균형한 음식 등으로 인한 환경적, 피지선의 이상현상, 특이병적 이상 등의 유전적 요인이 각화주기에 영향을 준다.
- 두피에 각질이 과도하게 축적되어 주기내에 탈락하지 못할 경우 비듬이 생기고 표피층에 쌓여 두피의 생리작용 저하의 원인이 된다.

천연보습인자(NMF : Natural Moisturizing Factor)

각질층에[존재하는 수용성 성분으로 유연성을 나타내고 요인이며 아미노산 40%, 젖산염 12%, 카르복실산 등 그 외 수용성 물질을 총칭한다. 세포간 지질과 함께 각질층의 수분함유량을 조절하여 적절한 수분을 유지할 수 있다.

(2) 투명층(Clear layer)

각질층 아래에 있는 2-3층의 편평한 형태의 무핵세포층으로 생명력이 없는 각화세포이며, 신체에서 손바닥과 발바닥 피부와 같이 두터운 부분에만 존재한다. 빛을 강하게 굴절시키는 작용을 하며 세포가 투명하게 보이는 엘라이딘(Elaidin)이라는 반유동성 물질이 함유되어 수분이 흡수되지 않는다.

(3) 과립층(Granular layer)

과립층은 2-5층의 타원형 형태의 과립세포로 구성되어 있으며 살아있는 세포가 무핵화되는 단계이다. 수분이 30%로 감소되고 각화효소(Keratohyaline)과립이 함유되어 각화작용이 시작되는 곳이다. 빛을 산란시켜 자외선을 흡수하고 수분저지막(Barrierzone)이 존재해 외부 이물질 침투 방어와 피부 외부로부터 수분의 침투와 피부 내부의 수분 유출을 막아주는 역할을 한다.

(4) 유극층(Spinos layer)

유극층은 5-10층의 다각형의 가시돌기로 연결된 유핵세포층으로 세포와 세포를 연결시켜주는 세포간교가 강한 응집력을 가지며 표피층에 영양공급과 정보전달 역할을 한다. 표피에서 가장 두꺼운 층이며, 수분을 70%정도 유지하고 있어 표피전체의 탄력과 피로회복을 담당한다. 면역에 중요한 역할을 하는 랑게르한스 세포(Langerhanscell)가 있고 세포와 세포 사이로 림프액이 흐르고 있어 노폐물 및 독소를 운반하고 각 세포에 영양을 전달하며 림프액의 작용이 저하되면 피부노화가 촉진된다.

(5) 기저층(Basal layer)

표피층 맨 아래 층으로 단층의 원주형, 입방형의 유핵세포로 진피의 유두층과 물결모양을 이루어 접하고 있으며 진피로부터 혈액을 통해 영양분과 산소 등을 공급받아 기저세포분열을 촉진한다. 표피세포의 증식을 담당하며 각질형성세포(Kerationcyte)와 멜라닌 형성세포(Melan- ocyte), 머켈 세포(Merkel cell)가 존재하며, 케라틴과 멜라닌을 생성하며, 멜라닌 형성세포에 함유되는 멜라닌 과립에 의한 자외선 흡수는 중요한 자외선 방어시스템으로써 피부를 보호하는 중요한 역할을 한다.

표피층의 세포

1. 각질형성세포(Kerationcyte)

표피의 80%를 차지하는 세포로 기저층에 위치하며 각질층의 각질세포를 만든다. 두피는 약 28일 주기로 각화되는데 기저층(기저세포)에서 각질층(각질세포)까지 2주 진행되고, 각질층에서 떨어져 나가는데 2주 정도의 시간이 걸린다. 기저층에서 매일 수백만 개의 세포가 새롭게 형성됨과 동시에 각질층에서는 매일 수백만 개의 각질이 떨어져 나간다.

2. 색소형성세포(Melanocyte)

표피의 10-15%를 차지하는 세포로 기저층에 위치하며, 티로신으로부터 멜라닌색소를 만들어 각질형성세포에 공급하여 피부색과 머리카락 색을 나타낸다. 자외선의 유입을 막아주며, 세포내에서 확산 시 검게 보인다.

3. 랑게르한스세포(Langgerhans cell)

표피세포의 2-4%를 차지하는 방추형 형태의 세포로 피부의 유극층에 존재하며 피부 최외층의 면역을 담당, 피부나 점막으로 유입된 자극요인으로 인해 세포의 활성화가 일어나 외부로부터 방어수단을 갖게 된다.

4. 머켈세포(Merkel cell)

기저층에 위치한 촉감을 담당하는 세포로 신경말단과 연결되어 촉감정보를 중추신경계로 전달하며 손바닥, 발바닥, 입술 등 민감한 부분에 다량 존재한다.

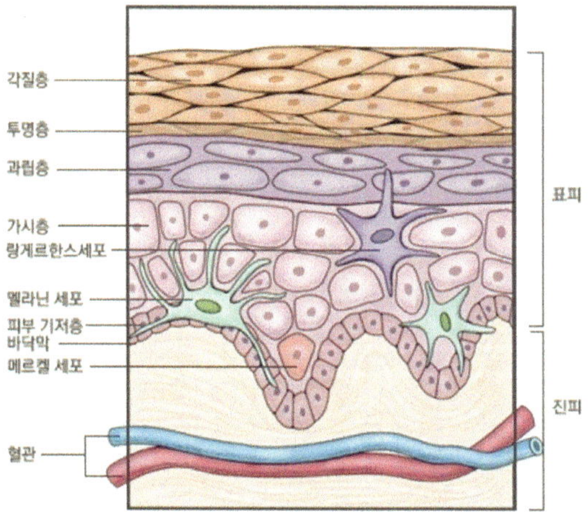

그림 2-2 표피의 구조

2) 진피(Dermis)

표피와 피하지방층 사이로 피부의 두께에 관여하며 피부의 90% 이상을 차지하며, 두께는 부위에 따라 0.5-4mm로 다양하다. 진피의 혈액은 표피에 영양을 공급하고 표피층을 지지해준다. 촉감, 통증, 온도에 반응하는 감각섬유, 땀샘, 피지샘, 아포크린샘 등 다양한 분비샘이 존재하며, 콜라겐과 엘라스틴을 생성하는 섬유아세포, 비만세포(Mast Cell), 림프구(Lymphocytes), 대식세포(Macrophages)의 면역세포도 존재한다. 진피층에서 모낭이 발생하고 성장하기 때문에 문제성 두피와 탈모의 원인이 된다.

(1) 유두층(Papillary layer)

표피의 기저층과 접하고 있으며, 물결(유두)모양을 형성하고 모세혈관과 신경말단에 존재하여 각직형성세포에 산소와 영양을 공급하고 노폐물을 처리해주는 역할을 한다. 유두층을 구성하고 있는 콜라겐(교원섬유)은 수직적인 형태로 이루어져 90%를 차지하며, 피부에 장력을 제공하고 표피의 건강상태를 좌우하고 노화로 인해 감소된다. 감각소체를 형성하여 촉감, 압통감 등의 감각을 느낀다.

(2) 망상층(Reticular layer)

진피의 대부분을 차지하는 그물모양(망상구조)의 결합조직으로 콜라겐(교원섬유) 90%, 엘라스틴(탄력섬유) 1.5-4.7%, 기질(히알루론산, 콘드로이친, 황산 등)로 구성되어 피부의 탄력과 형태를 유지한다. 모낭, 림프관, 한선, 피지선, 입모근 등이 존재하며, 혈관으로부터 영양분과 수분, 산소 등을 공급받아 제 기능을 한다.

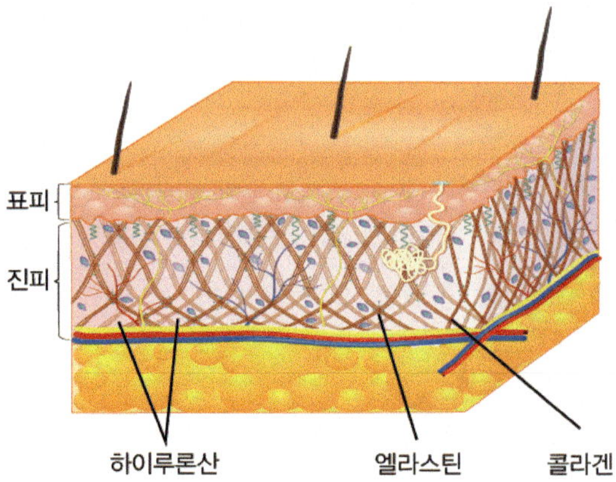

그림 2-3 진피의 구조

3) 피하지방(Subcutaneous Tissue)

지방세포들의 결합조직으로 이루어져 있으며, 진피와 근육, 뼈 사이에 있는 부분으로 피부의 가장 아래쪽에 위치한다. 신체 부위, 성별, 나이, 영양 상태에 따라 두께가 다르며 체온조절기능, 외부의 충격완충기능, 영양소저장기능을 한다. 두피의 피하조직층은 일반조직보다 얇게 존재하며, 피하조직층의 두께가 얇아질수록 탈모진행이 빠르게 나타난다.

두피의 기능

1) 보호기능

두피는 뇌를 중심으로 피부, 근육, 뼈 조직을 물리적 마찰, 충격, 더위, 추위, 각종 외부 환경으로부터 보호하고 랑게르한스 세포는 면역반응을 활성화하며 진피의 대식세포는 박테리아나 세균의 감염 등에 대해 뇌를 보호하는 기능을 한다. 두피는 약산성이기 때문에 펌이나 염색 시 화학물질로부터 보호하며 멜라닌세포를 통해 자외선으로부터 손상되는 것을 막아준다.

2) 호흡, 배설기능

전체 호흡량의 0.6-1.0%가 피부조직을 통한 내호흡으로 이루어지며 땀과 피지분비를 통해 유해물질과 노폐물들을 배출한다. 모발은 중금속 등의 유해물질을 체외로 배출하는 기능을 한다. 두피의 피지에 노폐물이 쌓이면 모공을 막아 두피의 호흡이 저하되어 두피에 염증이 발생하거나 모발의 연모화를 초래한다.

3) 흡수기능

피부는 반투과성 기능을 가지고 있어 모발 성장에 필요한 수분, 외부물질의 일부 성분을 흡수한다. 표피를 통한 흡수는 표피의 방어막으로 과립층까지만 흡수가 용이하나 모공을 통한 흡수가 흡수율은 더 높다.

4) 체온조절의 기능

두피는 체내의 신진대사와 외부의 기온변화에 적응하기 위해 체온조절을 하며 36.5℃를 유지하기 위한 항상성을 지닌다. 혈관은 체온조절의 주된 역할을 하며, 모세혈관 확장과 수축작용을 통해 열을 확산하거나 차단하는 발한작용을 통해 체온을 조절한다.

5) 감각기능

진피에 위치한 신경을 통해 촉각, 통각, 냉각, 온각, 압각 등 피부반사 작용을 한다. 두피를 압박하거나 온도에 의한 자극은 두피의 모세혈관이 확장되어 자극에 민감하게 반응한다.

6) 기타

두피조직은 피지를 분비하는 피지선, 땀을 분비하는 한선을 통해 두피의 세균감염에 대한 방어와 살균능력, 보습기능, 자외선과 열에 의해 비타민D를 합성한다. 건강한 두피와 모발은 건강한 이미지를 전달해 사회적 관계에 긍정적 영향을 주는 사회적 기능과 감정 전달기관으로 작용한다.

두피의 유형

1) 정상두피(Normal scalp)

두피 표면이 맑은 청백색을 띄면서 투명도가 높으며, 두피에 노화각질, 불순물이 없고 깨끗하여 모발 주위의 모공이 완전히 열려 있는 상태를 관찰할 수 있다. 한 개의 모공에 2-3개의 모발이 건강하게 자리잡고 있으며 모공의 상태도 선명하고 오목하다. 모발의 굵기가 거의 일정하고 밀도도 일정한 간격을 유지하고 있다.

그림 2-4 정상두피

2) 건성두피(Dry scalp)

건성 두피는 윤기가 없고 각질과 비듬이 하얗게 싸여있는 백색 또는 불투명한 두피이다. 두피 표면에 수분 부족과 피지분비의 이상으로 피지가 부족해서 일어나는 현상이다. 두피에서 떨어진 각질에 의해 모공주변이 막혀있으며 두피가 불규칙하게 갈라져 보인다. 각질화된 표피세포가 정상적인 주기를 거쳐 탈락되지 못하고 모공을 막는 경우가 생기며 모발이 가늘어지고 두피 표면이 거칠게 보이며 각질층이 들떠있는 상태로 진행된다. 모공 주위에 유·수분이 유난히 적고 모공이 뚜렷하게 함몰되어 있고 피지가 소량만 분비되면서 두피와 모발의 건성화와 세균에 의한 감염을 막아주는 기능을 수행하지 못하고 두피가 손상되기 쉽다.

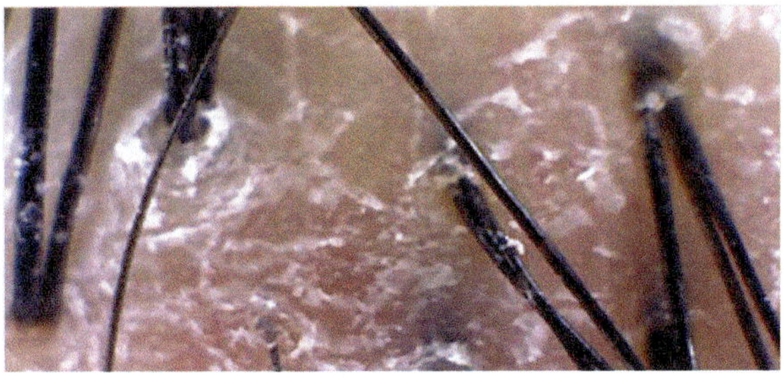

그림 2-5 건성두피

3) 지성두피(Oily scalp)

지성 두피는 두피의 피지샘 기능이 활성화되어 피지분비가 많아 두피 표면이 뿌옇게 보이고 둔탁해 보이며, 피부조직이 두꺼워지고 촉촉하며 끈적거림과 악취가 나는 경우도 있다. 피지로 인해 모공이 커지면서 피지 산화물이 쌓이면서 두피의 호흡이 원활하지 못하고 지루성 염증이 유발되기도 하며 모공 속의 피지가 고이면서 모공의 막힘 현상과 가려움증, 염증 및 홍반 등을 동반하고 탈모로 이어질 수 있다.

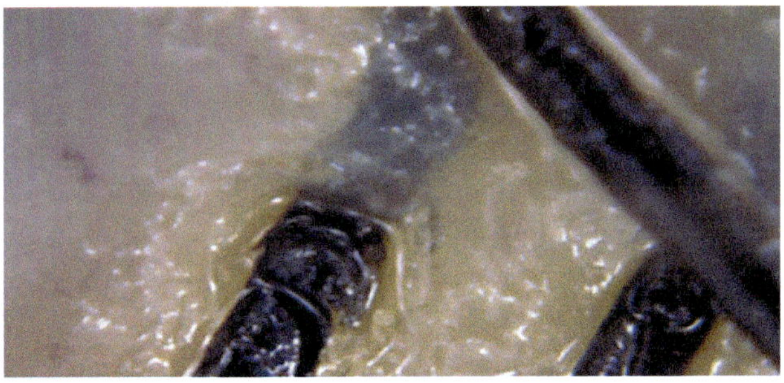

그림 2-6 지성두피

4) 비듬성두피(Dandruff scalp)

비듬균(피티로스포름, 말라세시아)의 이상 증식으로 각질세포가 새로운 세포에 의해 밀려 올라가 두피 표면에 이르러 각질화된 것으로 두피로부터 떨어져 나오지 못하고 쌓여 혼탁한 두피톤을 가지고 있으며, 가려움이 동반되는 두피이다. 비듬으로 인한 모근이 경화되면서 모발이 가늘어지고 두피의 기능에 문제가 생겨 건강한 모발을 성장시킬 수 없으며, 오래될 경우 비강성 탈모증을 유발한다. 비듬성 두피는 건성비듬 두피와 지성비듬 두피로 구분될 수 있다.

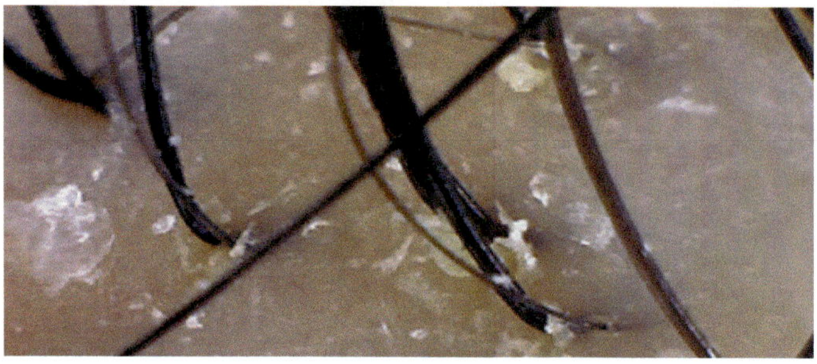

그림 2-7 비듬성두피

5) 민감성두피(Sensitive scalp)

두피 표면이 얇고 투명하며 모세혈관이 확장되어 있어 붉은 톤을 띄며, 홍반이나 가는 실핏줄이 보이고 외부로부터 약한 자극에도 따갑거나 발열 현상이 나타난다. 각질의 탈락이 빠르게 이루어져 두피를 보호하고 있는 각질의 양이 현저하게 적고 피지의 분비량도 함께 감소되어 예민하다. 모발 굵기가 가늘고 탄력이 없으며 전체적으로 혈액순환 장애로 충혈되며 관리를 소홀히 할 경우 세균, 바이러스에 대한 저항력이 약해서 가려움증이나 모낭염이 나타날 수 있다.

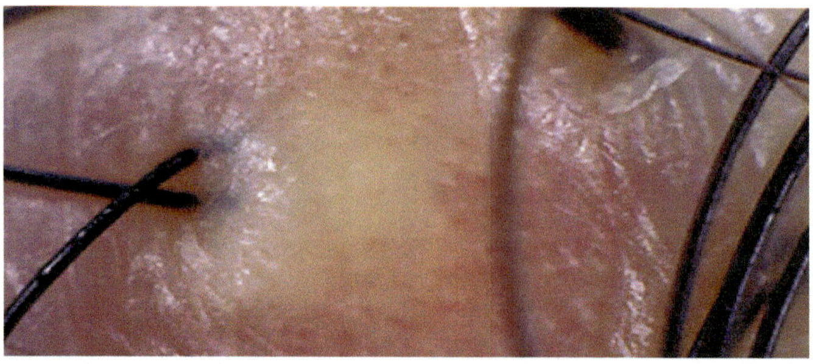

그림 2-8 민감성두피

6) 지루성두피(Seborrheic scalp)

피지선의 기능이 왕성하여 피지의 분비가 많아 비듬이 떨어지지 않아 염증과 지성비듬이 자주 생긴다. 육안으로 볼 때 민감성 두피와 지성 두피의 혼합 형태로 두피의 염증으로 인해 두피가 붉어지고 모낭 주위가 붉게 부풀어 오르고 곪으며 염증이 심한 경우에는 머리나 목 주위의 림프선이 부어오르기도 한다.

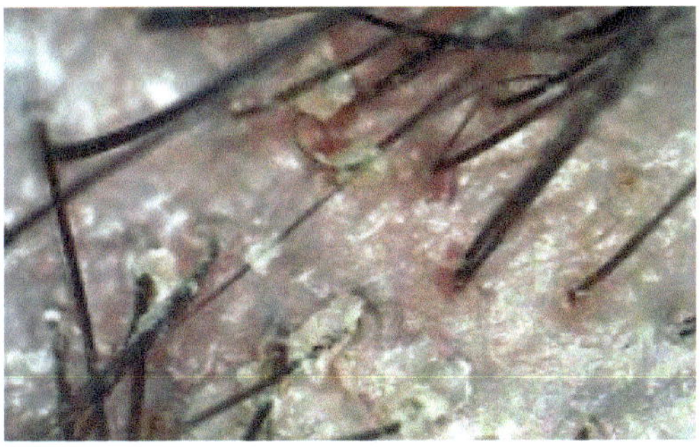

그림 2-9 지루성두피

7) 탈모 진행형 두피(Hair loss scalp)

모발의 성장이 중지된 것으로 모모세포의 힘이 약해져 모발주기가 변화되어 탈모가 있는 두피를 말한다. 두피가 경직되어 딱딱하고 비듬과 가려움증을 동반한다. 1개의 모공에 1개의 모발만 존재하거나 빈 모공의 상태로 함몰되어 있는 경우가 있다.

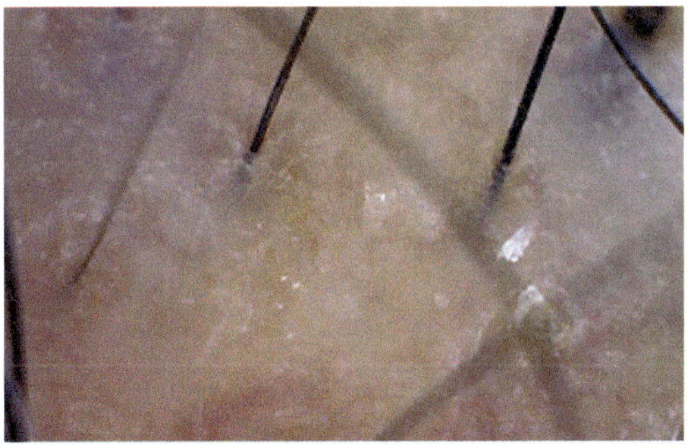

그림 2-10 탈모 진행형 두피

표 2-1 두피 유형별 특징

	특 징
정상	• 청백색, 선명한 모공라인 • 수분함량 15%내외 • 모공당 모발 수 2-3본 • pH 4.5-5.5, 약산성 • 모공 내 유사한 모발굵기 0.15mm • 각질, 피지산화물 없음
건성	• 백색, 불투명 • 모공라인이 불분명함 • 모공막힘현상 • 수분함량 각질층 10% 미만 • 모발의 수적밀도 변화없음 • pH가 높으며 피지분비량 낮음 • 모발의 탄력저하, 건조하며 당김 현상이 심함 • 발생원인: 정상적인 각화 작용이 되지않거나 비타민부족, 일상적스트레스, 신진대사의 이상, 노화과정, 호르몬 이상, 잦은 샴푸나 부적절한 드라이 방법, 잦은 펌이나 염색, 식생활 변화 등
지성	• 얼룩현상, 황색 • 모발의 밀도가 적어지고 빈 모공 • 모공 막힘현상 • 수분함량 20% 내외 • pH 발란스 이상 현상 • 모발 탄력도가 낮고 두피에 노화된 각질이 많음 • 피지분비량 높고 산화 피지로 인한 악취, 홍반, 염증 및 문제성 두피 유발원인 • 발생원인: 과다한 피지분비, 남성호르몬의 과다작용, 청결하지 못한 두피, 자극적인 음식이나 스트레스, 대기, 수질오염, 스타일링 제품의 사용 등
비듬성	1. 건성비듬성 두피 • 백색톤, 모공막힘 현상 • 모발밀도 불규칙, 모발탄력 점차 감소 • 수분함량 10%미만 • 모공주변 노화된각질이 분포하고 비듬입자가 작음 • 피지분비량 적고 예민하고 부분적 염증발견, 가려움, 당김현상 심함

	2. 지성 비듬성두피 • 황색톤으로 불투명 • 모공 막힘현상 • 모발탄력도 낮고 모발 밀도 불규칙 • 수분함량 20% 내외 • 노화된 각질이 두껍게 존재하며 피지분비량이 많음 • 가려움, 염증, 악취 심함 • 발생원인: 호르몬 불균형, 영양 불균형, 스트레스, 수면부족 등의 내적요인과 두피의 불결, 환경오염, 약품에 대한 염증 등 의 외적요인
민감성	• 얼룩이 있는 붉은톤 • 밀도가 낮고 피지분비량이 다양함 • 모발이 가늘고 각질층이 얇고 타입에 따라 다양 • 확장된 모세혈관으로 홍반, 가려움, 염증반응 • 발생원인 : 불결한 두피환경이 갖는 곰팡이, 박테리아, 바이러스 등 각종 세균감염으로 염증이 생기거나 과도한 피지로 인해 트러블 발생 선천적 요인 및 과도한 스트레스, 잦은 화학적 시술 인한 두피의 긴장과 혈액순환장애로 나타남
지루성	• 황색, 적색톤 • 모공이 막혀있고 모발의 탄력 낮음 • 균에 의한 염증으로 예민, 가려움 심함 • 피지 분비량 많고 각질이 두껍고 탈모율이 높음 • 발생원인 : 과도한 스트레스, 호르몬 불균형, 염색, 퍼머 등 화학적 미용 시술, 모공이 막혀 있어 모근세포의 호흡작용에 이상이 생겨서 모발이 가늘어지고 탈모가 일어날 수 있음
탈모 진행형 두피	• 얼룩 현상이 심함 • 모공이 막혀있고 피지 분비량이 높은 편 • 모발이 가늘고 밀도 낮으며 탄력 저하, 연모화 진행 • 두피가 예민한 편 • 정수리, 두정부에 주로 발생 • 발생원인: 유전, 호른몬 밸란스 이상 현상, 영양 불균형, 피부질환, 자가면역체계 이상, 두피 불청결 및 화학시술

두피 유형별 관리방법

1) 두피관리 목적

두피관리란 모발 생성의 근원이 되는 두피의 청결과 건강을 위한 다양한 미용적 시술로서 일상적인 샴푸나 두피 스켈링 및 트리트먼트를 포함하며 기타 기기를 사용하여 두피의 문제를 개선시키는 것을 의미한다.

두피관리 목적은 두피에 인위적인 자극을 통해 두피에 쌓여 있는 노폐물울 제거하고 두피에 필요한 영양분을 공급하여 두피의 신진대사와 산소 공급이 원활이 이루어지도록 하는 것으로 염증, 지루성, 비듬성 두피 등 문제성 두피를 예방 및 개선하고 두피에 혈액순환을 원활히 하여 모발의 성장 및 탈모 등을 예방할 수 있다. 이를 위해 건강하고 정상적인 모발 성장에 장애가 되는 문제점을 파악하고, 두피질환 예방 및 건강한 모발의 성장에 도움을 주는 관리가 필요하다.

2) 두피관리 과정

(1) 상담 및 진단: 고객과 접촉하는 단계로 관리카드 작성을 통해 고객의 두피, 모발관리의 기초적 자료를 제시해 준다. 두피 진단은 판독기기를 이용해 고객의 현재 두피, 모발 상태를 측정, 분석, 파악하는 단계로 문제점을 체크하고 고객에게 진단에 대한 경과 등을 설명해 준다.

(2) 적절한 프로그램 선택: 고객의 두피 상태에 적합한 매뉴얼을 선택하는 단계로 탈모원인이나 문제점을 파악하고 필요에 따라 긴단경과 등을 설명해 준다.

(3) 두피 스켈링: 두피관리의 가장 기본이 되는 과정으로 손이나 면봉을 이용해 두피 진정과 노폐물 제거, 묵은 각질의 제거, 두피, 근육 이완 및 충혈제거를 위한 과정으로 두피 각화주기의 정상화를 통해 다음 단계의 관리효과를 높인다. 스케일링 전후 헤어스티머를 사용하여 수분공급과 두피 연화를 높일 수 있다.

(4) 마사지: 편안한 분위기와 아로마향, 음악 등을 이용해 심신의 안정을 극대화 시키고 마자시지를 통해 긴장된 어깨와 목, 상박의 근육을 이완시켜 궁극적으로 두피 근육으로 가는 혈행을 도와주는 단계이다.

(5) 두피 세정: 각각의 두피 타입을 고려하여 샴푸를 선택하고 두피에 존재하고 있는 노폐물, 피지산화물, 노화각질 등을 제거하는 단계로 스캘프 펀치(Scalppunch)등의 기구를 사용하여 두피의 혈액순환을 돕기 위한 섬세한 세정을 한다.

(6) 영양침투: 두피 문제를 개선하기 위해 영양 제품을 사용하며 빠른 두피 침투 작용과 모유두 부근까지 효과적인 제품 흡수를 위한 단계로 이온토포레시스(Iontophoresis)기기, 적외선기나 고주파기와 같은 기기적 관리가 동시에 이루어지면 효과적이다.

(7) 홈케어 및 사후관리: 효과적이고 빠른 관리를 위한 단계로 가정에서의 관리가 병행되어야 한다. 고객이 일상적으로 관리할 수 있는 제품이나 보조기구 등을 추천해주고 고객의 라이프스타일이나 주변환경 및 식생활 등을 사후관리한다.

3) 유형별 두피관리

(1) 정상두피

현상태를 유지할 수 있도록 각질제거, 유, 수분 밸런스 유지에 중점을 둔 관리로 올바른 제품 적용과 과도한 미용시술의 자제, 영양공급의 균형을 맞추는 것이 필요하다.

관리실에서는 정상적인 각화주기 유지를 위해 스케일링을 주기적으로 하고 어깨의 근육을 풀어 혈액순환이 원활히 되도록 한다.

(2) 건성두피

건조에 의해 두꺼워진 각질을 제거하여 막힌 모공을 열어주고 혈행 촉진을 유도하고 두피에 충분한 유, 수분을 공급하여 유지막을 형성하여 외부자극으로부터 방어할 수 있는 능력을 회복하는 것이 필요하다.

일반 샴푸보다는 오래된 각질 및 비듬의 제거와 피지분비가 원활이 이루어지도록 보습성이 함유된 약산성 샴푸를 사용하도록 한다. 피지조절에 포인트를 두어 마사지와 앰플을 적용하고 드라이의 과도한 열사용을 자제한다. 하루 한번 정도 두피와 어깨 마사지를 하여 혈행이 막히지 않게 한다.

(3) 지성두피

두피 세정과 피지조절에 초점을 맞추어 관리하고 모공의 피지 응고물을 제거하고 모공을 청결히 유지하기 위한 두피스케일링, 피지조절 앰플이나 팩을 병행하여 관리한다.

샴푸 전에 브러싱을 통해 비듬이나 노폐물 등을 제거하고 혈행을 촉진시켜 결을 고르게 마사지하고 지성 샴푸를 사용하며 세정 후 드라이로 가볍게 두피와 모발을 말려준다. 카페인이나 지방류 음식 섭취는 피하도록 한다. 저자극성 샴푸제나 수분을 보충해 줄 수 있는 보습 샴푸제 등의 선택이 중요하다. 염증이 있을 경우 치료 후 관리해야 하며 주 1-2회 정도 전문 두피 관리를 하는 것이 좋다.

(4) 예민성 두피

세균이나 화학제품 등의 두피자극이 원인으로 두피를 민감하게 만드는 내, 외적 환경요인들을 제거해 주고 두피에 자극을 최소화하고 두피의 기능을 정상화시키는 것이 중요하다. 혈행이 원활하도록 목의 근육을 풀어주고 두피를 진정시킬 수 있는 저자극성 샴푸를 사용하여 피지 분비량에 따라 사용횟수 조절하여 세정해야 한다. 과다한 스타일링제의 접촉은 피하고 모발 건조 시 드라이 이용이나 스팀타월이나 사우나 등은 피하는 것이 좋다. 관리 소홀 시 염증성 두피로 전환될 수 있기때문에 두피의 청결과 세균 번식의 억제 및 전이 예방에 포인트를 두고 관리해야 한다.

(5) 비듬성 두피

비듬은 각화 이상으로 발생하는 것으로 양이 증가하고 오래되면 염증을 일으켜 심한 악취와 탈모현상이 일어날 수 있으므로 초기 처치가 중요하다. 두피의 청결함과 젖은 모발을 완전 건조 시키는 것이 제일 중요하다. 수분과 영양분을 원활히 공급하기 위한 비듬 전용 샴푸 사용과 스트레스를 줄이고 아연이 함유된 비타민과 생선류의 섭취를 늘린다.

건성비듬의 경우 헤어 오일류나 유분이 많은 트리트먼트제를 사용해서 유·수분을 보충하고 건조를 방지하는 관리가 필요하다. 비타민A결핍, 각화증, 영양실조, 단백질결핍, 부신피질의 기능저하 등이 원인이며 약산성 샴푸나 향진균제 샴푸로 관리한다.

지성비듬의 경우 기름기가 느껴지는 비듬으로 약알칼리성 샴푸나 향진균제 비듬 샴푸를 사용해야 한다. 청결이 가장 중요하며, 뜨거운 물이나 바람도 두피의 유분율을 촉진하므로 주의해야 한다.

(6) 지루성두피

염증이 더 퍼지지 않도록 살균, 세정에 신경을 쓰고 지나치게 자극적인 제품으로 샴푸를 하게 되면 피지선에 악영향을 미치게 되므로 두피에 자극을 최소화하고 두피의 기능을 정상화시키는 것이 중요하다.

(7) 탈모진행형 두피

과도한 스트레스나 두피의 혈액순환 장애, 다이어트 등 영양부족, 임신과 출산, 폐경에 따른 호르몬의 영향, 두피의 피지와 땀의 노폐물, 유전적인 소인 등의 원인으로 빠지는 모발의 수가 성장하는 모발의 수보다 많아져 1일 100개 이상의 모발이 빠진다. 어깨, 등, 상박 등에 마사지를 자주 실시하여 뭉친 근육을 풀어주고, 적절한 두피스케일링과 샴푸를 시행하며, 두피토닉과 영양제를 도포한다. 단백질, 비타민, 무기질의 영양소를 충분히 섭취하며, 지나치게 자극적인 음식, 즉석식품, 음주, 흡연 등을 자제한다.

두피모발 손상요인

1. 생리적 원인

인체에서 분비되는 피지, 땀, 각질 등의 분비물에 의한 모공주위와 두피의 오염을 들 수 있다. 이러한 분비물은 두피의 호흡을 방해하고 모공주위를 막아 외부로부터의 영양분흡수를 저해하고 신생모의 성장을 방해한다. 이는 펌 시술 시 볼륨감을 잃게 하거나 염색 시 원래의 색상을 얻지 못하는 원인으로 작용한다. 또한 세균의 번식을 도와 염증과 홍반의 원인이 된다.

2. 물리적 자극

플라스틱재질의 브러시에 의한 과도한 빗질은 모표피의 손상을 초래하여 모발 끝이 가지처럼 갈라지는 지모가 증가한다.

3. 잘못된 샴푸 법

더러움을 제거함과 동시에 모발 중에 필요성분(지방, 아미노산, NMF)까지 제거 할 염려가 있기 때문에 샴푸 뒤에는 크림린스, 혹은 헤어 컨디셔닝에 의한 트리트먼트가 필요하다. 부적절한 샴푸 법에 의해서도 두피의 이물질과 피지분비물, 노화각질 등이 두피에 잔류할 수 있어 이런 경우 세균의 번식을 도와 염증 및 가려움증을 유발할 수 있고 모공을 막아 모발이 가늘고 탄력을 잃은 저질 모발 생성의 원인이 된다.

4, 화학적자극

- 정전기
- 열
- 자외선

03

탈모

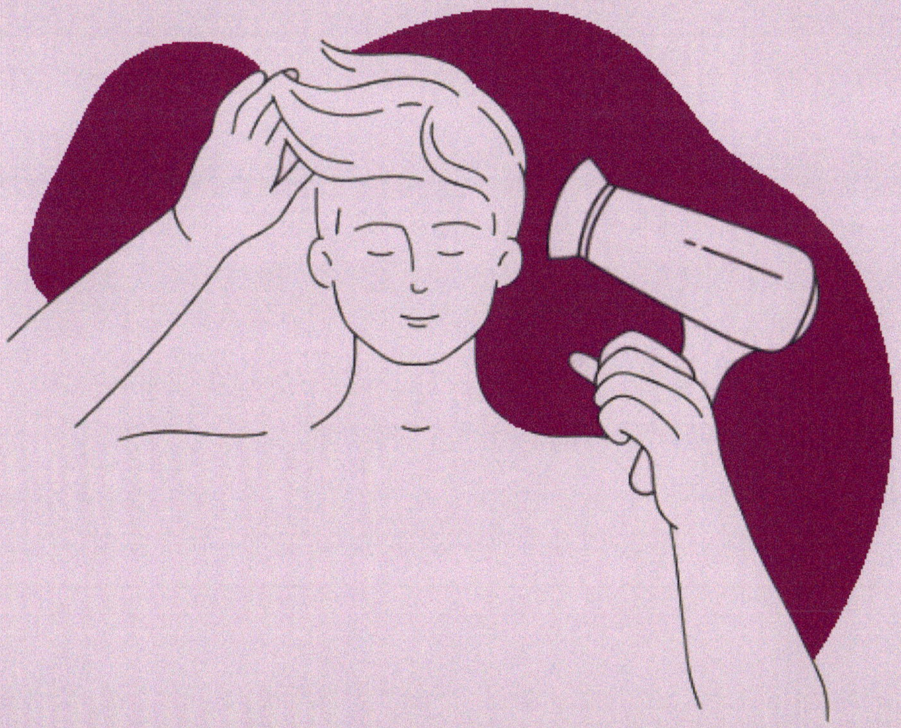

탈모의 이해

탈모란 머리털이 비정상적으로 빠지는 현상을 말한다. 새로 돋아나는 모발보다 빠지는 모발이 많은 비정상적인 이상 상태가 지속되는 상태를 말하며 일반적으로 일일 100개 이상의 머리카락이 빠지는 경우이다.

모발은 성장기와 퇴행기, 휴지기라는 과정을 거치게 되는데 일반적인 성장주기에 있어서 성장기가 짧아지고 휴지기나 퇴행기가 길어지는 비정상적인 상태가 지속되는 형상을 탈모라한다,

탈모의 유형

1) 남성형 탈모

일반적인 의미의 탈모는 대부분 남성형탈모를 지칭하는 것으로 남성형 탈모는 전체 탈모중 가장 많은 빈도를 차지하는 탈모유형이다.

탈모는 이른 경우 사춘기를 전후로 시작되지만 30~40대에 급격하게 발전되는 양상을 띤다. 전두부에서 두정부까지의 모발이 많이 가늘어지거나 탈색되는 등의 특징을 지니게 되는데 이는 남성호르몬인 테스토스테론(testosterone)에 활성효소 5-a리덕타제의 결합으로DHT(Dihydero testosterone)를 생성하기 때문이다.

남성형 탈모 유형으로는 이마의 양쪽이 M자형으로 머리가 띄엄띄엄 나는 경우와 정수리쪽에는 둥글게 벗어지는 경우, 그리고 전체적으로 벗겨지는 U자행 등이 있다.

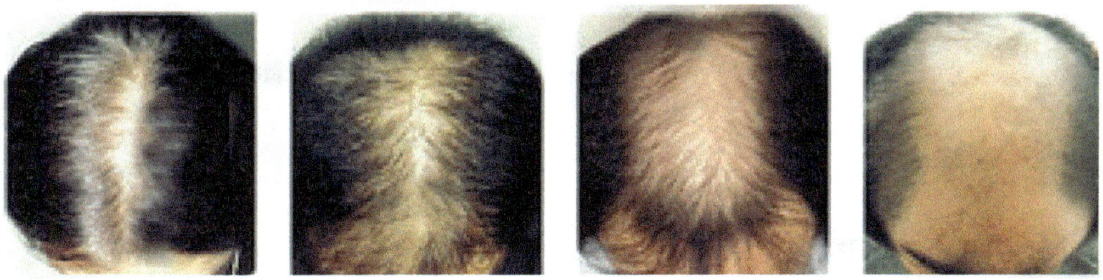

그림 3-1 O자형 탈모

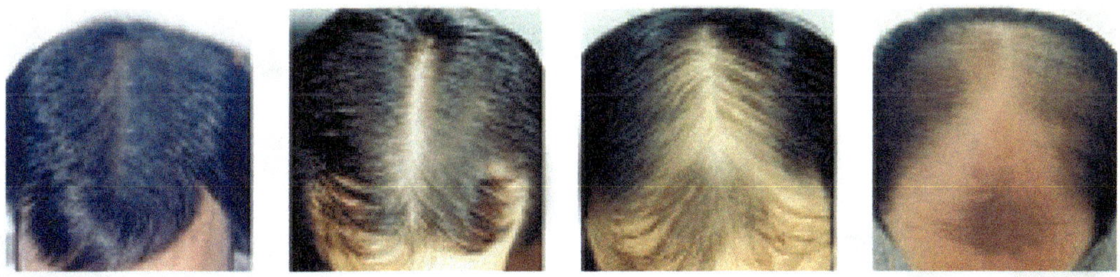

그림 3-2 M자형 탈모

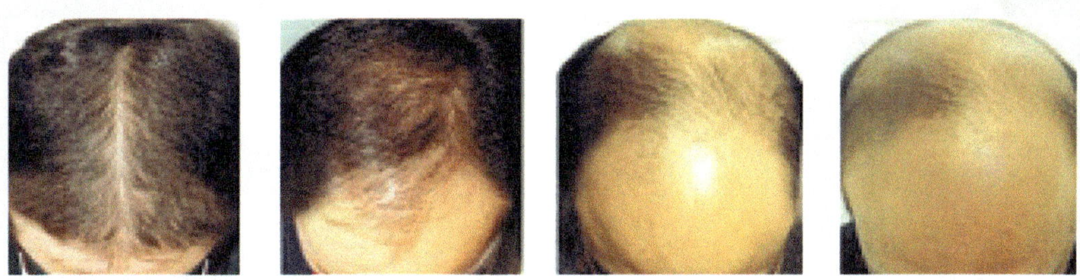

그림 3-3 C자형 탈모

2) 여성형 탈모

여성의 경우 탈모를 촉진시키는 인자인 남성호르몬이 남성에 비해 적어 전반적으로 탈모에 대한 노출도가 적은 편이다. 그러나 여성 호르몬(estrogen)의 분비가 감소하는 40대를 전후로 해 급격한 발병률을 보이고 있다. 탈모초기에는 정수리나 두정부의 가르마 부위에서 시작하여 둥근 원형을 띄고 머리숱이 적어지며, 탈모 부위의 모발이 가늘어져 두피 부분이 보일정도로 모발 밀도가 낮아지는 특징을 지닌다.

여성들은 남성들에 비해서 5-α 리덕타제 효소를 절반밖에 안 가지고 있고, 반면에 아로마타제라는 효소를 많이 가지고 있는데, 이 아로마타제는 특히 앞머리의 모발선 근처에 많이 분포하고 있다. 아로마타제는 DHT의 생성을 억제하고 있어 여성들에서는 탈모의 유형이 남성과는 다르게 나타나는 것이다.

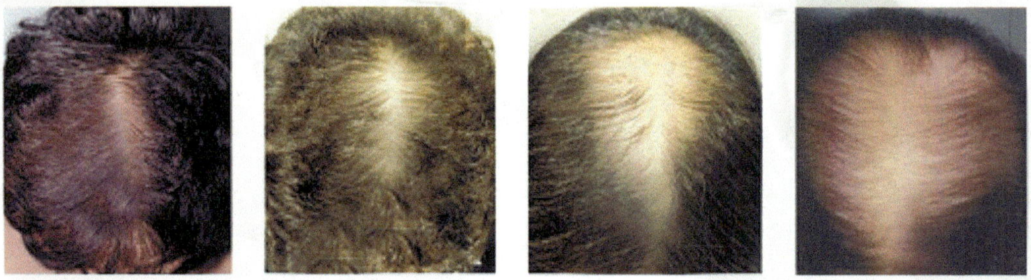

그림 3-4 여성형탈모

3) 원형탈모

보통자각 증상 없이 직경1cm내지 5cm의 경계가 명확한 탈모 부위로 500원짜리 크기의 원형의 특징을 보인다. 원형 탈모증은 최근 사회 환경적 요인으로 빈도수가 가장 높아지고 있다. 보통 원형 탈모는 한곳에서 시작되지만 동시에 2~3곳에서 발병하기도 하며 또 서서히 다발적으로 발생하여 심한 악성의 경우 머리가 전체적으로 탈모되는 전두탈모가 되는 경우도 있다.

탈모반의 가장자리에서 보면 모발이 두피 가까이에서 끊어져 생긴 3mm정도의 짧은 그루터기 털을 볼 수 있는데, 이 털을 뽑아보면 모구에 인접되는 근위부가 가늘어지고 모구는 퇴색된 곤봉모인데 근위부의 끊어진 부위는 색이 진하고 굵어서 느낌표(!)같은 감탄부호 모발을 볼 수 있다.

일반적인 원인으로 스트레스, 욕구불만 등 혈행 장애 등을 추정할 수 있는데, 이는 자가면역 질환으로 원형탈모인 사람의 경우 원형탈모가 발병하기 시작한 6개월 이전에 극심한 환경적 변화를 경험했다는 연구 결과가 있다.

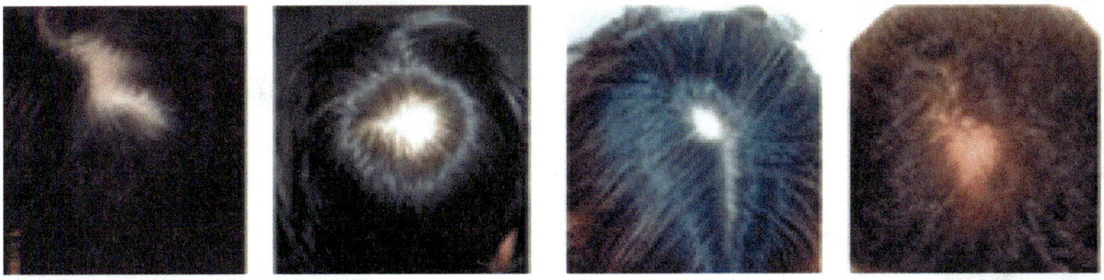

그림 3-5 원형탈모

4) 지루싱 탈모

지루성 탈모는 피지선의 비대 및 과다한 피지분비로 인하여 모발 각화 과정 이상과 피지선에서의 원활하지 못한 피지분비가 원인으로 작용하는 탈모유형이다

피지선에서의 과다한 피지분비와 두피의 불청결한 관리는 피지산화물 및 노화각질로 인하여 두피에 세균 및 모낭충 번식이 쉬운 환경을 조성하는 결과로 나타나는데 두피의 심한 악취 및 홍반과 염증을 동반한다. 특히 지루성 탈모증은 그 원인이 피지의 분비 상태에 있는 것으로 남성 호르몬의 영향을 많이 받기 때문에 남성 호르몬에 의해 발생되는 남성형 탈모증과 동반하여 나타나는 경우가 많다.

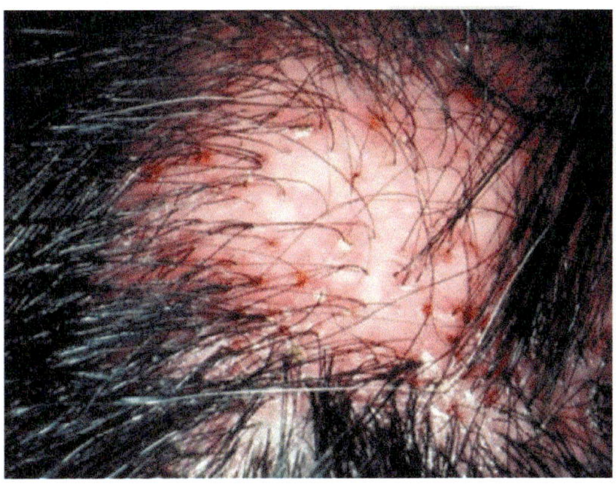

그림 3-6 지루설 탈모

5) 견인성 탈모

견인성 탈모는 모근부에 일정강도 이상의 힘을 지속적으로 가해서 생기는 탈모의 유형으로 여성의 업스타일, 묶음머리 등은 장시간 반복적으로 특정 부위의 모발을 묶음으로서 모발의 탈락현상과 두피 혈행장애 등 탈모를 유발하는 촉진적 작용을 할 수 있다. 따라서 결발성 탈모의 경우 일시적인 결과이기 보다는 장시간에 걸쳐 점진적으로 발생되는 특징이 있다.

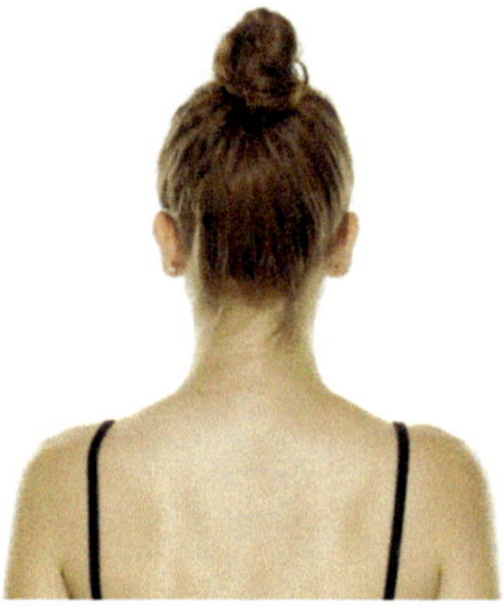

그림 3-7 견인성 탈모

6) 압박성 탈모

직업적으로 무거운 모자나 가발을 오래 착용하는 경우, 누워서 자라고 있는 유아들의 후두부, 전신마취 하에서 두부가 오랫동안 고정된 위치로 압박을 받을 때, 장기간 침대에서 한편으로만 누워있는 환자 등에서 발생한다. 이의 원인은 압박으로 인한 국소 허혈로 보인다.

7) 반흔성 탈모

반흔성 탈모는 모발의 뿌리라 할 수 있는 모근부가 외부의 화상이나 외상, 세균감염등을 통해 모근 자체가 완전히 파괴된 경우를 말한다. 반흔성 탈모의 경우 모발의 재생은 불가능하며 어떤치료나 관리를 한다해도 모발 성장을 기대할 수 없는 경우에 해당된다.

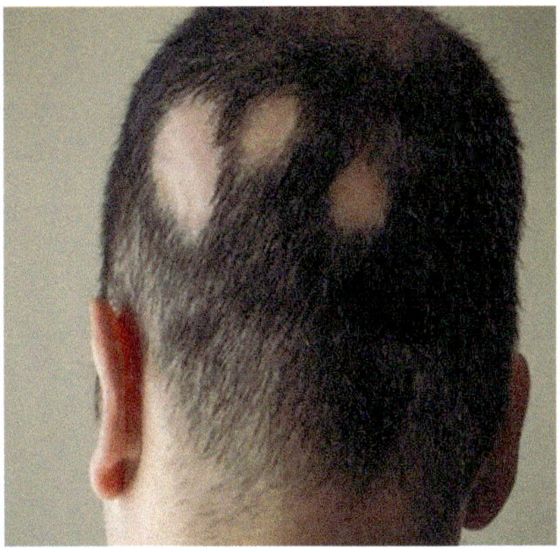

그림 3-8 반흔성 탈모

8) 발모벽

발모벽이란 스스로 인식하지 않는 상태에서 모발을 잡아 당겨 탈락시킴으로서 특정 부위의 모발이 원형에 가깝게 탈락하는 탈모 유형으로 10세 이하의 여아에게서 볼 수 있다.

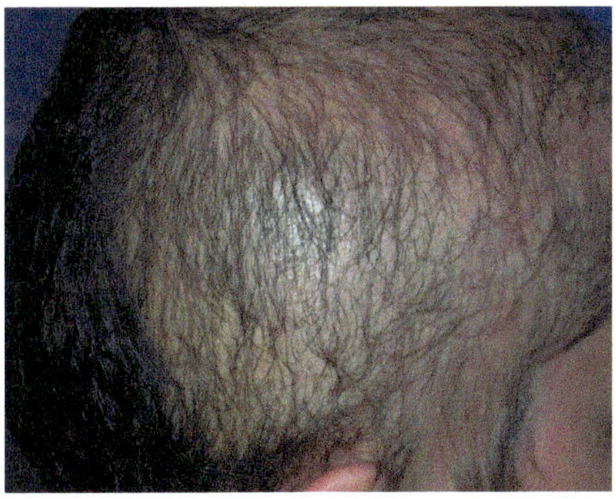

그림 3-9 발모벽 탈모

9) 두부백선

두부백선은 흔히 '기계충' 이라고 부르기도 하며 백선균의 감염에 의해 일어나는 전염성 피부병의 일종이다. 백선균은 최초 표피의 각질층에 감염되지만 점차적으로 모간으로 들어가 위축모가 발생하며 탈모로 이어진다.

10) 약제성 탈모

항암제, 항응고제, 항우울제, 고혈압 치료제, 위궤양제, 항관절염제, 항경련제, 비타민A 유도체(여드름 치료제), 피임약 등이 탈모의 원인이 된다. 만약 이런 종류의 약제를 사용하는 도중 탈모가 생겼다면 같은 효과의 다른 약품으로 대체하도록 한다.

11) 접촉성 피부염에 의한 탈모

두피염증과 모낭각화증을 동반한 탈모가 발생하며, 펌, 염색, 탈색 등의 화학제품과 과도한 스타일링 제품 사용에 의한 알레르기성 염증의 원인으로 인해 탈모가 발생한다.

12) 열병 후 탈모

말라리아. 장티푸스 등의 고열 병에 의해 일어나며 발병 후 1~3개월 이후에 머리카락이 많이 빠지며 병의 회복과 함께 자연히 회복된다.

탈모의 원인

탈모의 요인에는 유전, 스트레스, 두피의 혈류장애, 남성호르몬의 과다분비, 약물에 의한 부작용, 영양부족 등이 있다.

1) 호르몬에 의한 요인

호르몬이란 생체의 특정한 세포에서 만들어짐으로써 혈액으로 유출된 후 먼 곳에 있는 세포에 생화학적인 작용을 하는 물질이다. 이러한 호르몬들은 작용하는 장기에 독특하게 결합되는 호르몬 수용체가 있어 호르몬 수용체라는 복합체를 형성하여 특이 장기에 선택적으로 결합해 생화학적 효과를 일으킨다. 어떤 호르몬은 하나의 표적 장기에만 작용하고,

인슐린이나 갑상선호르몬처럼 간, 뇌, 피부 등 여러 세포에 작용하기도 한다.

인체는 호르몬이 없으면 에너지 대사를 할 수가 없다. 체내의 호르몬은 간뇌의 시상하부에서 만들어지며, 내분비선에서 만들어지는 화학물질로 미량으로도 특정 기관과 물질대사에 관여하여 신체 조직의 발육을 촉진한다. 태아의 출산과정에 관여하여 자궁을 수축시키기도 하고, 아이들의 성장을 촉진한다. 또한 남자는 남자의 역할과 생식이 가능하게 하고, 여자는 여성호르몬의 분비에 의해서 생리가 시작되고 젖가슴이 커지며 임신이 가능해진다.

우리 몸에서 분비되는 수많은 종류의 호르몬은 우리가 먹는 음식물로 만들어진다. 단백질의 성분인 아미노산에서 만들어지는 호르몬으로는 인슐린, 갑상선호르몬, 멜라토닌 등이 있으며, 지방성분인 콜레스테롤부터 만들어지는 호르몬은 DHEA(에너지호르몬), 성호르몬(남성호르몬, 여성호르몬), 스트레스호르몬 등이다.

(1) 안드로겐

인체에 존재하는 모든 모낭은 안드로겐이라 불리는 남성호르몬의 영향을 받는다 그러나 모낭이 남성호르몬과 반응하는 정도는 부위에 따라 다음과 같이 차이를 보인다.

① 고농도의 남성호르몬과 관련 있는 모발 : 가슴, 가슴털, 귀와코털, 음모, 주로 남성에서 이마와 정수리 부위이 모발

② 저농도의 남성호르몬과 관련 있는 모발 : 음모의 아래쪽 삼가가형, 겨드랑이털, 그밖에 몸의 털

③ 성호르몬의 무관한 모발 : 눈썹, 속눈썹, 후두부(뒷머리), 팔꿈치 이하와 무릅 이하에 자라는 털등 몸의 연모

(2) 에스트로겐

여성호르몬은 피지분비와 체모성장은 억제하고 모발성장은 촉진한다. 성장기 모발의 성장속도를 늦춤으로써 모발의 성장기간을 연장하지만 몸의 털에서 성장 억제효과가 있다. 여성호르몬은 임신 기간중에는 그 수치가 평소보다 높은 상태를 유지하다가 산후에는 호르몬 밸런스가 정상적으로 돌아오면서 일시적인 모발의 성장 주기 변화로 인한 산후성 탈모로 이어지기도 한다.

(3) 코르티졸

휴지기에서 성장기로 시작을 방해하며 머리카락과 몸의 털 모두에 성장억제 효과가 있다. '생식선제거술' 이나 '부신 제거술' 을 받으며 머리카락의 성장기가 가속되어 모발성장 효과가 있으나 몸의 털에 대해서는 여전히 성장억제 효과가 있다.

(4) 프로게스테론

여성의 황체호르몬으로 모발 성장에 대한 직접적인 영향력이 미미하다.

머리카락에 대해서는 성장 억제효과가 있으나 몸의 털에 대해서는 성장촉진 효과가 있다.

(5) 갑상선호르몬

갑상선호르몬인 티록신 분비되어 신체의 전반적인 조절 작용을 한다.

과잉분비 시에는 피부에 갑작스런 열과 함께 발진이 유발되며 눈이 튀어나오고 모발은 가늘어진다. 결핍 시에는 피부가 건조해지고 거칠어지며 모발도 건조모가 되어 탈모를 유발한다.

갑상선 제거술을 받으면 갑상선호르몬의 분비가 줄어들기 때문에 모발성장 속도가 다소 늦춰지고 모발의 직경도 줄어들며 머리카락 모든 몸의털에서 성장 억제 효과가 나타난다. 갑상선 기능 저하증 환자 또한 호르몬 분비를 제대로 할 수 없으므로 겨드랑이털과 음모가 적어지는 경향을 나타낸다.

(6) 부갑상선호르몬

부갑상선호르몬은 혈액 내의 칼슘량을 조절하는 역할을 한다. 따라서 과잉분비 시에는 과칼슘증이나 신경쇠약 등의 증상을 초래하며 결핍 시에는 칼슘이 부족해져서 비정상적인 케라틴이 생성됨으로 인해 피부, 손톱, 모발등에 만성질환을 초래한다.

(7) 뇌하수체호르몬

호르몬의 분비를 조절하는 역할을 담당한다. 갑상선자극호르몬, 성선자극호르몬, 부신피질자극호르몬, 성장호르몬, 멜라닌세포자극호르몬, 항이뇨호르몬 등이 나오며 이들 호르몬의 분비를 지배한다. 뇌하수체호르몬 과잉분비 시에는 피부가 거칠어지고 모발 성장이 증가되며, 결핍 시에는 피부노화와 탈모를 유발하는 경향이 있다.

뇌하수체에 이상이 있으면 탈모가 일어나고 뇌하수체호르몬을 투여하면 모발 발육이 좋다는 보고도 있으나, 이는 호르몬의 직접적 작용이라기보다 다른 호르몬의 분비를 억제하거나 촉진시키는 간접적 작용으로 보인다.

(8) 부신피질 호르몬

부신에서 코르티코스테론, 성호르몬, 아드레날린등의 호르몬이 분비되며 신체 영양소 사용에 직접적인 영향을 미친다. 또한 전해질과 수분의 균형 유지, 당분의 대사, 면역 등 여러곳에서 관여한다. 과잉 분비시에는 여성의 안면 털 성장을 촉진하는 등 여성의 경우에 남성 호르몬과 같은 물질이 분비되어 성모나 체모에 영향을 준다.

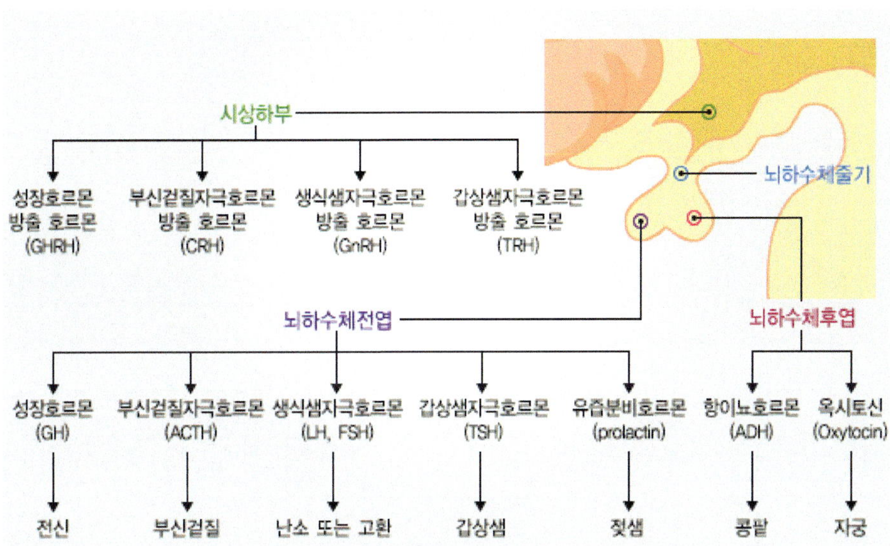

그림 3-10 시상하부-뇌하수체에서 분비되는 호르몬

2) 모발 화장품 및 시술에 의한 요인

모발 화장품이 잘못된 사용이나 남용에 따른 부작용으로 인해 원발성 접촉 피부염과 알레르기성 피부염 등의 두피질환이 야기될 수 있다, 염색제, 퍼머제, 헤어무스, 헤어스프레이, 헤어로션, 헤어로션, 헤어토닉 등의 성분 중 방부제나 향료 등이 접촉성 피부염의 주된 원인이 된다.

3) 자연환경에 의한 요인

태양광선 중에서 모발에 영향을 주는 것은 자외선과 적외선으로 물체에 닿으면 열이 발생한다. 모발에 가장 영향을 미치는 자외선은 모발의 시스틴 함량을 감소시키고 멜라닌 색소를 파괴함으로써 모발의 손상과 탈색을 유발한다.

4) 식생활에 의한 요인

식생활이 서구화되면서 지방이 많이 함유된 기름진 음식이나 고소한 음식 등의 섭취가 증가했다. 이러한 음식들은 두피를 지성으로 변화시키며 탈모를 유발한다. 그 밖에 다이어트나 편식 등으로 인한 영양상태의 불균형도 최근 탈모의 요인으로 나타나고 있다.

5) 수면부족에 의한 요인

사람에게는 체내 시계가 있어 자정부터 새벽 4시까지는 하루 중 가장 편히 쉴 수 있는 상태가 된다. 그런데 체내 시계를 무시한 생활습관으로 인해 원활한 혈액순환과 산소, 영양공급이 이루어지지 않아 체온 저하가 일어나고 두피 온도가 저하되어 탈모와 빈모가 쉽게 발생한다. 특히 여성들에게 나타나는 빈모나 탈모의 원인으로 수면부족을 들 수 있다.

6) 스트레스에 의한 요인

스트레스란 과부하된 상태로, 심한정도에 따라서는 체계 전체가 붕괴 될 수도 있는 내적, 외적인 위협을 말한다. 병적행동의 유발 요인 내지는 원인이 되는 모든내적, 외적인 요인들을 통틀어 스트레스라 정의할 수 있다.

스트레스와 누적된 피로는 혈액순환을 방해해 모발 형성에 필요한 영양이 제대로 공급되지 못하게 하고 내분비 계통의 문제를 동반하여 탈모를 유발하는 원인이 된다. 또한 혈액순환이 되지 않으면 두피가 당기고 긴장되어 모근이 약해지는 현상이 생기고, 혈관을 수축시켜 혈행을 방해하여 탈모를 유발하는 것이다.

두피모발의 메디컬 치료

1) 의약적 약물 치료법

병원에서 일반적인 치료처방 중 하나로 약물을 이용하여 모발의 성장을 촉진시키는 형태이다. 본인의 모발을 성장시킨다는 점에서 효과적이라고 할 수 있다.

(1) 미녹시딜

고혈압 경구치료제로 사용되던 중 미녹시딜 투여자의 70%가 발모가 촉진된다는 사실이 밝혀지면서 발모제로 개발되었다. 탈모의 진행이 쉽게 일어나는 정수리 부위에 효과적이며 미녹시딜을 바른 부위의 혈관이 확장되면서 혈류량을 증가시킨다.

미녹시딜은 머리가 빠지는 초기단계의 젊은 남성이나 탈모현상을 보이는 여성에게 사용할 수 있다. 최소한 4~6개월 이상 사용해야 하고, 사용을 중단하면 탈모가 다시 시작된다.

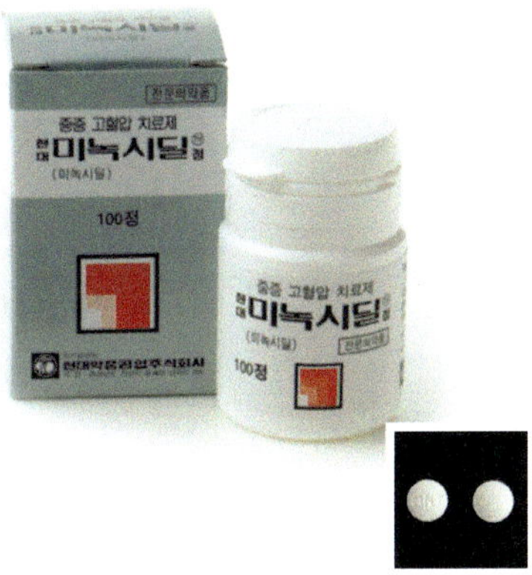

(2) 프로페시아

남성 호르몬에 대한 활성효소인 5알파-리덕타아제의 작용을 차단하여 남성형 탈모의 원인으로 작용하는 DHT의 발생을 감소시킴으로서 남성형 탈모의 진행을 억제하는 작용을 한다.

전립선 비대증 치료제인 프로스카에서 힌트를 얻어 프로페시아가 개발되었다. 프로스카와 프로페시아의 주요성분은 동일하며, 그 성분의 함량에 있어서만 차이가 나타나 전립선 비대증 치료제와 탈모치료제로 구분된다.

약의 성분인 피나스테라이드는 5-알파 환원효소를 억제하고 DHT가 생성되는 것을 방지함으로써 탈모를 막아준다. 복용 기간에만 약효가 지속되어 모발이 성장하지만 복용을 중지하면 탈모가 다시 시작된다, 그래서 탈모방지 및 발모 효과를 유지하려면 거의 일생 동안 약물 치료가 이루어져야 한다는 단점이 있다. 프로페시아는 임신 중이거나 임신가능성이 있는 여성이 사용하면 남자 아기의 성기관이 비정상적으로 될 수 있으므로 절대 사용해서는 안된다.

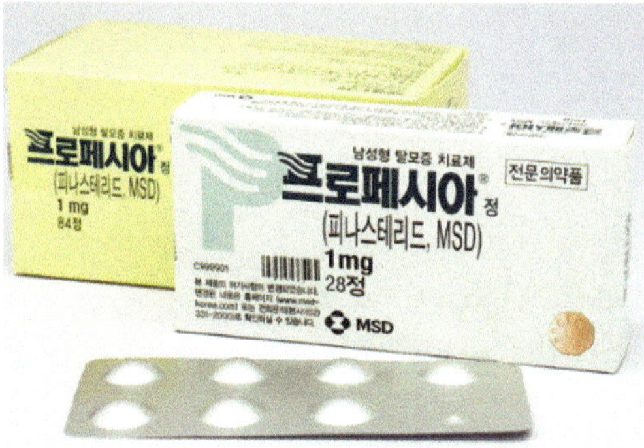

(3) 트리코민

쿠퍼(cooper)합성물인 트리코민은 모공에 자극을 주어 휴지기의 모공을 건강하게 만들고 휴지기의 기간을 줄여 모발의 재성장을 촉진한다. 의사의 처방전 없이도 구입이 가능하며, 두피에 직접 도포하여 국소적으로 상용하는데 부작용이 적어 특히 여성 탈모자들에게 관심을 끌고 있다.

(4) 사이프테론 아시테이트

남성의 과도한 성욕을 자극하는 성선자극 호르몬의 분비를 감소시키며 여성의 탈모 중 치료에 주로 사용된다, 사이프테론 아세테이트는 혈액검사상 테스토스테론 호르몬이 단독으로 과다할 경우 효과적이다.

(5) 스피로노닥톤

스피로노닥톤은 안드로겐 수용체를 차단하고 테스토스테론의 생성도 억제하는 효능을 가진다, 난소와 부신의 안드로겐 생산을 감소시키고 안드로겐의 수용체를 차단하여 DHT의 생성을 막는 기능을 가지고 있어 여성형 탈모증에 많이 이용된다.

2) 메조테라피

메조테라피란 소량의 약물을 주입하여 통증 및 부분적인 병변을 치료하는 의학적 시술방법으로 약물주입의 위치는 병변이 있는 부위의 표피 층으로부터 진피층 즉 망상 층까지이며 탈모증의 치료를 위한 메조테라피를 메조페시아라고 한다. 메조페시아의 적용은 가족력 및 환자의 과거력, 탈모의 정도와 부위, 모발의 굵기와 색의 변화 등 두피 상태에 대한 정확한 진단을 통해 증상에 대한 효과를 빠르게 한다.

3) 모발이식술

병원에서의 수술요법 중 가장 많이 이용하는 방법이다, 국소 마취하에 시행되며 입원등이 필요 없으므로 일상생활이 바로 가능하다는 장점이 있다 환자의 뒷머리에서 채위한 모발을 모근 뿌리에 심어주기 때문에 빠지지 않고 계속 자란다. 회당 1,000~2,000모 정도 이식하는데 모근이 손상되면 시술 자체가 무의미하므로 의료진의 축적된 노하우가 중요하다.

04

두피모발과 영양

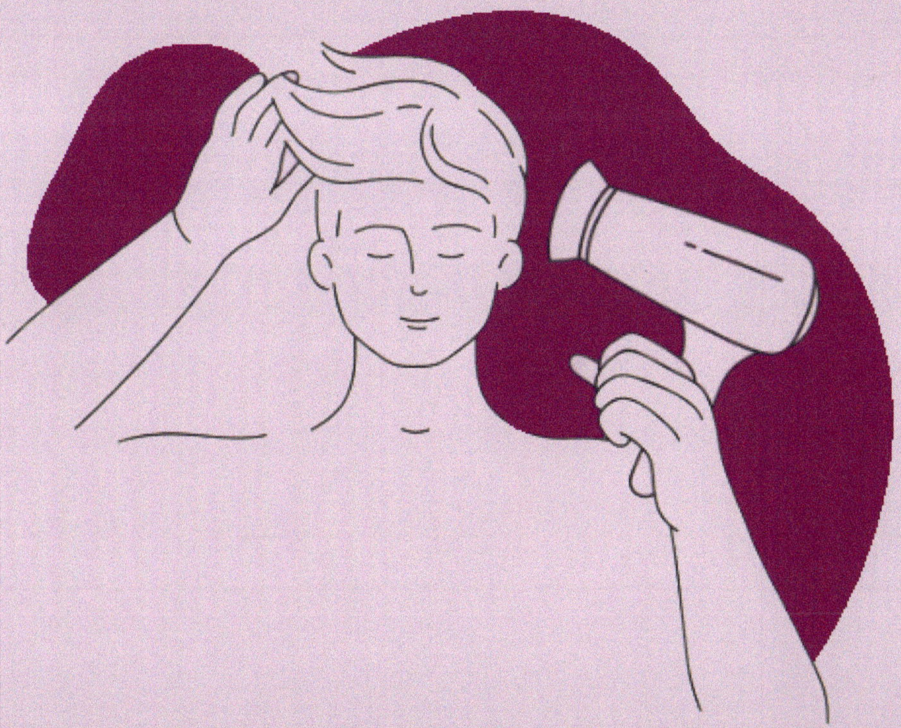

영양소의 정의

식품을 구성하고 있는 물질 중 우리 몸에 에너지를 공급하고 근육, 뼈, 혈액, 피부, 모발 등 여러 가지 체내성분을 합성하여 성장 및 다양한 생리기능을 하며, 건강을 유지하는데 필요한 성분이다. 우리가 먹는 식품의 구성물질로 체내의 경로를 거치면서 생명과 건강을 유지하고 성장을 촉진시키는 물질인 5대 영양소에는 탄수화물, 지질, 단백질, 비타민, 무기질이 있다.

표 4-1 영양소의 종류

<table>
<tr><td rowspan="3">필수영양소</td><td>탄수화물</td><td colspan="2">포도당, 과당, 갈락토오즈, 유당, 글리코겐, 식이섬유소</td></tr>
<tr><td>지질</td><td colspan="2">지방산, 중성지질, 복합지질, 스테로이드</td></tr>
<tr><td>단백질</td><td colspan="2">아미노산, 지단백질, 당단백질, 인단백질</td></tr>
<tr><td rowspan="4">조절영양소</td><td rowspan="2">비타민</td><td>지용성 비타민</td><td>비타민 A, D, E, K</td></tr>
<tr><td>수용성 비타민</td><td>티아민, 리보플라빈, 나이아신, 판토텐산, 비오틴, 아스코르브산</td></tr>
<tr><td rowspan="2">무기질</td><td>다량 무기질</td><td>칼슘, 마그네슘, 나트륨, 칼륨, 인, 황</td></tr>
<tr><td>미량 무기질</td><td>구리, 불소, 요오드, 철, 망간, 아연, 셀레늄</td></tr>
</table>

두피모발과 영양의 관련성

우리 몸은 단백질, 탄수화물, 지방 및 비타민과 무기질 등의 영양소 가운데 한 가지라도 부족하거나 과잉되면 해로운 증상들이 나타나게 되며, 모든 영양소가 균형을 이루고 있어야만 건강한 신체를 유지하고 노화 속도를 지연시킬 수 있다. 모발은 혈관을 통해 영양분을 공급받기 때문에 영양결핍 시 모발을 생성하는 모모세포에 영향을 끼쳐 세포증식 기능 저하로 모발의 노화가 촉진되고 두피 및 탈모에 영향을 미친다. 두피와 모발도 인체가 건강해야 건강하며 아름다움을 유지할 수 있다.

영양소의 기능

1) 탄수화물

에너지 공급원으로 소화작용을 통해 포도당으로 분해되고 글리코겐으로 전환되어 간과 근육에 저장되며, 체내 지방으로 축적되거나 혈액으로 들어가 혈당을 유지한다.

1g 당 4kcal의 에너지 공급원으로 탄소(C), 수소(H), 산소(O)로 구성되어 있으며, 탄수화물의 종류에는 포도당, 과당, 갈락토오스가 있다. 분해 효소에는 아밀라제, 락타아제, 말타아제, 자당 등이 있다.

탄수화물은 인슐린 분비에 관여하며 인슐린 분비가 촉진될 경우 호르몬의 균형이 깨져 모발에 나쁜 영향을 미치게 된다. 포도당으로 인한 질병은 확산성 탈모를 유발할 수 있다.

2) 지방의 기능

주요 생체구성 성분이며 영양상 중요한 물질로서 체지방이 되거나 지용성 비타민을 운반하고 세포막으로부터 몸의 기관들의 보호체 역할을 한다. 지질도 당질처럼 탄소(C), 수소(H), 산소(O)로 구성되어 있으며, 1g 당 9kcal의 에너지 공급원으로 에너지를 공급하는 칼로리가 가장 높은 영양소이다. 지방의 종류는 지방산, 중성지방, 인지질과 콜레스테롤이며, 분해효소는 리파아제이다. 지방은 에스트로겐, 테스토스테론, 스테로이드계 호르몬이나 담즙산의 전구체이고 인체 내 간과 소장에서 합성한다.

콜레스테롤	자외선의 도움을 받아 비타민D로 합성
필수지방산	세포막의 구성성분으로 필수지방산이 결핍되면 피부염, 탈모발생, 상처치유에 영향 필수지방산의 종류: 리놀렌산, 아라키돈산, EPA, DHA 등
중성지방	장기보호 및 체온조절, 포만감 제공

3) 단백질의 기능

단백질은 체조직의 유지와 보수에 필수적이며, 인체의 성장을 주도한다. 인체를 구성하고 있는 근육과 머리카락, 혈액의 구성성분이 적혈구, 손톱, 건, 인대 등 결합조직의 구성 성분이다. 탄소(C), 수소(H), 산소(O), 질소(N)로 구성되어 있으며, 1g당 4kcal의 에너지를 공급하는 아미노산이 모여 이루어져 있다.

모발은 시스틴을 많이 함유하고 있는 케라틴 단백질로 형성되어 있으며, 총 18종의 아미노산이 결합되어 있는 형태이다. 모근에 있는 모유두의 모세혈관을 통해 영양분이 보내져 모발의 성장을 촉진시키므로 모발에 영양을 주기 위해서는 균형 있는 단백질 섭취가 중요하다. 아미노산은 인체에서 합성되지 않는 필수아미노산과 비필수 아미노산으로 구분한다.

표 3-2 아미노산의 종류

구분	종류
필수아미노산	페닐알라닌, 트립토판, 발린, 루신, 이소루신, 메티오닌, 트레오닌, 히스티딘, 아르기닌
비 필수아미노산	글리신, 알라닌, 프롤린, 티로신, 세린, 시스테인, 아스파르트산, 글루타민, 아스파라긴, 글루타민

4) 비타민의 기능

비타민은 수화물, 지방 단백질, 무기질의 대사에 관여하는 조효소 역할을 한다. 비타민의 필요량은 매우 소량이지만 필요량이 공급되지 않으면 체내 영양소의 대사에 지장을 받게 되어 탈모를 유도하게 된다. 비타민은 수용성 비타민 C, B와 지용성 비타민 A,D,E,K로 분류할 수 있으며, 비타민 B군인 B_1, B_2, B_5, B_6, B_9은 두피 관리와 관련이 깊은데, 피지의 균형을 조절하여 두피의 유분과 수분의 밸런스를 맞춰주고 두피의 건성화, 지성화 등에 관여한다.

표 3-3 모발에 영향을 미치는 비타민

비타민	작용	권장식품
비타민 C (아스코르브산)	• 콜라겐 형성과 유지 및 철분의 흡수 증진 • 천연 항산화제로 면역기능, 상처회복, • 스트레스를 예방 • 결핍 시 콜라겐의 감소로 두피건조증, 비듬발생 및 백모현상	딸기, 레몬, 토마토, 피망, 녹황색 야채
비타민 B_1 (티아민)	• 비듬을 방지 • 결핍 시 두피 건조증으로 인한 비듬 발생	돼지고기, 콩류, 참깨, 현미, 씨앗류
비타민B_2 (리보플라민)	• 에너지대사의 조효소로 작용 • 피부의 신진대사를 활성시켜 세포의 재생 및 모발성장에 도움 • 결핍 시 모발 성장 장애로 인한 탈모와 지루성 피부염이 발생, 피부가 건조하고 딱딱하게 되거나 모공이 확대되고 모발이 쉽게 빠짐	우유, 버섯, 시금치, 계란, 간, 어류, 토마토
비타민B_5 (판토텐산)	• 에너지 대사 • 지방 합성 및 분해의 조효소 • 결핍 시 백모현상	버섯, 브로콜리, 계란, 우유
비타민B_6 (피리독신)	• 단밸질 대사의 조효소로 작용, • 헤모글로빈 합성, 피지과다분비 방지 효과 • 탈모의 주 원인인 테스토스테론이 디하이드로테스토스테론으로 전화되는 것을 억제 • 결핍 시 과다한 피지 분비로 피부염, 지루성 두피, 탈모증 등이 발생	간, 계란, 곡류, 시금치, 브로콜리, 바나나, 토마토, 감자, 우유, 연어
비타민A (레티놀)	• 세포분열 및 증식, 성장에 관여 • 피부와 점막을 유지, 모발의 건조를 막아줌 • 건조성 두피와 비듬성 두피에 효과적 • 결핍 시 피지분비 감소로 모공각화증을 유발, 피부윤기의 감소, 탈모 촉진	간, 버터, 마가린, 치즈, 계란, 장어, 시금치, 당근
비타민 D (칼시페롤)	• 혈중 칼슘과 인의 대사에 관여 • 광합성작용으로 합성 • 탈모 후 모발의 재생에 탁월한 효과 • 두피의 혈액순환을 도와 모발을 윤택하게 함 • 결핍 시	간, 버터, 파슬리, 딸기, 시금치 등의 야채류

비타민	작용	권장식품
비타민 E (토코페롤)	• 항산화제 기능, • 말초혈관의 확장작용으로 혈액순환 촉진 • 호르몬 분비를 촉진하여 간접적인 모발성장에 관여 • 결핍 시 두피가 건조하고 모발의 손상	옥수수유, 버터, 생선, 녹황색채소, 땅콩, 치즈, 견과류
비타민 K (필로퀴논)	• 항 출혈성 인자 • 단백질 생합성에 관여 • 결핍 시 두피가 건조하고 모발의 손상	녹황색채소, 장어, 현미, 간

5) 무기질의 기능

무기질은 자체 에너지를 생산하지는 않으나 신경계의 대사기능, 에너지의 생산, 성장, 질병의 치유를 비롯하여 모든 효소작용에까지 영향을 준다. 혈관 질환인 동맥경화, 고혈압 등의 예방에 효과적이며, 모발의 영양 전달과 혈액순환에 도움을 준다. 생체 내에서 합성이 불가능하므로 식품을 통해서만 합성이 가능하다.

표 3-4 무기질의 종류

대량무기질	1일 100mg 이상 필요로 하는 무기질 칼슘(Ca), 마그네슘(Mg), 나트륨(Na), 칼륨(K), 인(P), 황(S) 등
미량무기질	1일 100mg 이하로 필요로 하는 무기질 철(Fe), 구리(Cu), 아연(Zn), 망간(Mn), 코발트(Co), 셀레늄(Se) 등
독성무기질	중금속이라 불리는 미량 원소 수은(Hg), 알루미늄(Al), 비소(As), 카드뮴(Cd), 납(Pb) 등

표 3-5 모발에 영향을 미치는 무기질

종류	작용	권장식품
요오드(I)	• 갑상선 호르몬의 분비를 촉진시켜 모발의 발모를 원활하게 하고 모발의 성장을 촉진 • 흰머리 예방 • 결핍 시 갑상선 기능저하증이 발생하면 탈모가 발생	해조류, 양파, 어패류, 소고기 생선, 간, 조개, 시금치, 해바라기씨
철(Fe)	• 두피의 신진대사 작용을 촉진하여 모발의 성장에 도움을 줌 • 결핍 시 산소량 저하로 빈혈, 탈모가 발생	새우, 달걀노른자, 감, 당밀, 우유,
칼슘(Ca)	• 모발 구성성분 • 결핍 시 모발을 잡아주는 근육의 수축력 약화로 탈모가 발생	해조류, 어패류, 양파, 우유, 치즈
아연(Fe)	• 단백질 복제와 관련된 효소의 활성에 관여 • 모발에 윤기부여 • 흰머리 예방 및 모발의 생장을 촉진 • 결핍 시 단백질 합성을 저해하여 모발 및 손톱의 성장을 둔화시키고 탈모현상이 발생	생선, 간, 소고기, 시금치, 콩류, 굴, 육류, 요구르트
황(S)	• 모발을 구성하는 주성분인 단백질 구조의 화합물로 모발을 윤택하게 함 • 세균감염에 대한 저항성을 높여주고 피지생성을 감소 • 결핍 시 단백질 섭취 부족으로 모발의 노화 촉진	콩, 닭고기, 소고기, 생선, 달걀, 우유, 참깨, 곡물류
구리(Cu)	• 모발 성장과 모발의 색깔과 형태를 결정 • 결핍 시 머리카락이 끊어지고 탈모나 모발성장 저해	굴, 간, 채소류, 과일
인(P)	• 핵단백질의 필수 구성분 • 원활한 체내대사에 필수성분 • 결핍 시 모발이 건조해지고 화농성염증을 일으켜 탈모 유발	유제품, 어패류, 달걀노른자, 우유, 채소, 두부
나트륨(Na)	• 산, 알칼리성, 수분균형 조절 • 근육 수축과 이완 • 결핍 시 양양 공급이 원활하지 않아 탈모를 유발	
마그네슘(Mg)	• 에너지 생성하고 티록신의 분비, 단백질 합성에 관여 • 모발의 약화와 원형탈모증 유발	미역, 김, 다시마류, 톳, 호박씨, 참깨, 아몬드
칼륨(K)	• 수분균형과 산, 알칼리성 균형에 작용 • 근육이완 • 결핍 시 고혈압 유발	바나나, 시금치, 톳

식이요법

모발과 두피는 피부와 마찬가지로 자신의 건강상태를 표현해 주기 때문에 스트레스, 질병, 영양 불균형 등에 의해 가장 먼저 영향을 받는다. 모발건강을 위한 식이요법의 중요성은 간과할 수 없는 영역이라 하겠다.

1) 모발 성장에 도움이 되는 음식

식물성 단백질이 다량 함유되어 있는 식품과 녹황색 채소 및 해조류가 있다. 대부분 자연으로부터 얻을 수 있으며, 가공하지 않은 자연 상태의 식품들로 모발 건강에 가장 효과적이다.

(1) 콩류

신진대사를 활성화하여 수분과 지방을 원활하게 배출하고 해독작용 및 활성산소 억제한다. 혈액순환을 왕성하게 하여 조직이나 세포를 보호하며, 모발의 성장을 촉진한다.

(2) 해조류

다시마와 미역과 같은 해조류는 알칼리성 식품으로 인체의 면역성 강화, 영양분 흡수 조절, 장내 지방이나 발암물질 등의 노폐물을 배출하고 딱딱해진 두피를 부드럽게 하여 혈액순환을 촉진하고 탈모를 예방한다.

(3) 간과 등푸른생선

간은 가장 영양가가 높은 식품이고 등 푸른 생선은 양질의 단백질, 지방, 비타민, 무기질 등이 풍부하여 모발의 성장을 돕고 건조해지지 않도록 한다.

표 3-6 모발에 도움이 되는 음식

모발 발육에 좋은 음식	계란 노른자, 우유, 시금치, 효모, 땅콩 등이
비듬 방지에 좋은 음식	육류, 간, 난황, 보리, 현미, 땅콩, 효모 등
모발 윤기에 좋은 음식	다시마, 미역, 해조류, 우유, 대두, 시금치, 치즈 등

2) 두피모발 건강에 유해한 식품

모발 건강을 위한 식이요법은 포화지방이나 단 음식의 섭취를 최소화하는 것이 중요하다. 동물성 기름은 포화지방을 함유하고 있으므로 남성호르몬의 혈중농도에 관여하고 당분이 많이 들어있는 음식은 인슐린호르몬의 분비를 높여 탈모를 촉진시킨다.

(1) 단 음식

설탕이나 당분이 많이 포함된 식품, 정량음료에 함유된 감미료는 인슐린 호르몬의 분비를 높여 필수지방산이 아라키돈산 생성을 증가시켜 남성호르몬 생성에 관여하고 두피 조직의 결합을 약화시켜 모발을 빠지게 하거나 탈모를 야기할 수 있다. 혈액순환을 악화시켜 모근에 영양 공급을 방해하여 전반적인 두피모발 건강에 영향을 준다.

(2) 술, 담배, 카페인, 인스턴트 식품

담배의 경우 세포기능을 저하시키고 그 결과 혈류량의 증가에 따른 혈관확장이 이루어지지 않아 혈액순화 장애가 발생함으로써 탈모에 간접적으로 영향을 준다.

인스턴스 식품의 경우 함유되어 있는 각종 첨가제, 불포화 지방산 등으로 인해 성인병을 유발하는 원인으로 작용할 수 있다.

(3) 동물성 지방, 기름진 음식

남성 호르몬 생성에 관여하여 피지분비를 촉진하고 모공을 막아 균의 번식을 증가시켜 직접적으로 탈모를 야기시킨다.

(4) 탄수화물 식품

인슐린 분비를 자극하여 체내에 저장된 지방을 에너지로 전화시키는 글루카곤의 분비를 억제하고 혈중 농도를 높여 탈모를 촉진할 수 있다.

05

화장품 성분

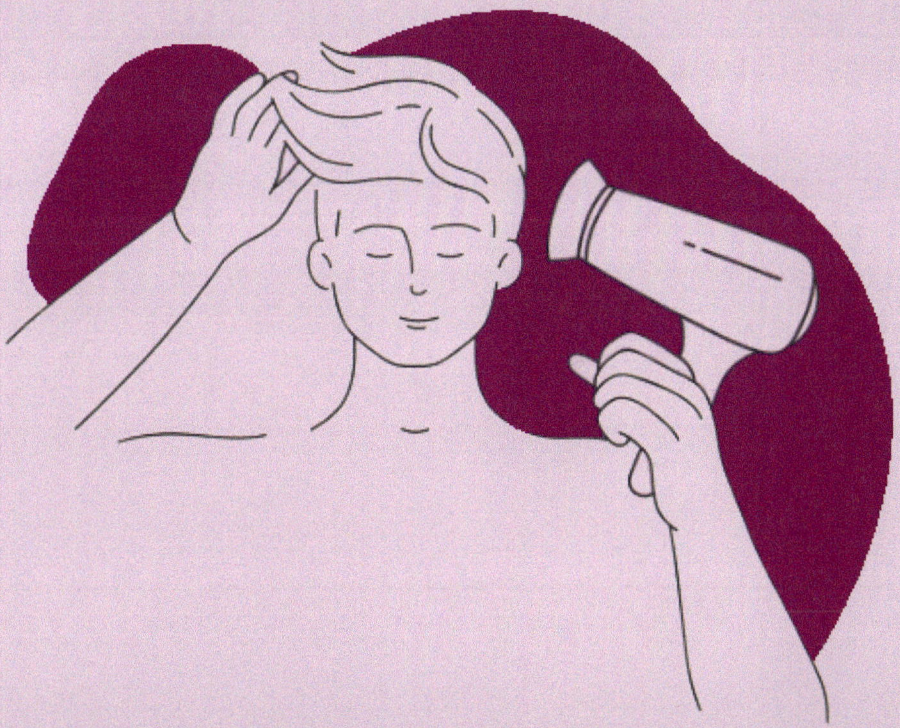

화장품의 법정 정의

1) 화장품법 제2조 1항

화장품은 인체를 청결 또는 미화하여 매력을 더하고 용모를 밝게 하거나 피부 또는 모발의 건강을 유지 또는 증진하기 위하여 인체에 바르는 등의 방법으로 사용되는 물품으로서, 인체에 대한 작용이 경미한 것을 말한다.

2) 기능성 화장품

(1) 법적 정의(화장품법 제2조 2항): 인체에 사용하여 유해하지 않은 범위에서 피부미백에 도움, 피부 주름개선에 도움, 피부를 곱게 태우거나 자외선으로부터 피부를 보호하는데 도움, 모발의 색을 변화시키거나 탈모 증상의 완화에 도움, 그밖에 총리령으로 정하는 인체 기능에 영향을 미치는 화장품을 말한다.

(2) 일반적인 정의: 화장품 중에서 특정한 기능을 수행하도록 설계된 제품으로, 단순한 미용이나 청결을 넘어 피부나 모발에 특정효과를 제공하는 제품을 말합니다.(명칭: cosmedics, cosmeceuticals, functional, cosmetics, performance cosmetics, active cosmetics etc)

(3) 두피와 모발 관련 기능성 화장품은 기능성 화장품으로 분류되며, 탈모 방지, 모발 성장 촉진, 두피 건강 증진 등을 목적으로 하는 제품은 기능성 화장품으로 등록해야 한다.

3) 화장품, 의약부외품, 의약품의 구분

구분	화장품	의약외품	의약품
사용대상	정상인	정상인	환자
사용목적	청결, 미화	위생, 미화	질병치료 및 진단
사용기간	장기간, 지속적	장기간 또는 단속적	일정기간
사용범위	전신	특정부위	특정부위
부작용	없어야함	없어야함	어느정도 무방함

4) 발모제, 육모제, 양모제의 구분

(1) 발모제: 모근부에 영양공급하여 모발이 자라게 하는 제품으로 프로페시아나 미녹시딜과 같은 의약품류에 해당, 전문의의 처방을 필요로 한다.

(2) 양모제: 모근부에 영양공급을 하여 모발이 자라도록 하기보다는 가늘어져 있는 연모를 탄력있고 건강한 경모로 발전하도록 도와주는 화장품류의 의약품에 비해 안정성에서 높은 제품이다.

표 5-1 발모제, 양모제의 주요성분

효과	성분
혈관확장 및 혈류촉진 효과	당약추출물, 염화카프로니움, 세파란틴
두피 자극작용	고추틴크, 칸타리스틴크, I-Mentol
남성호르몬 저해효과	Estradiol, ethinylestradiol
피지 분비 억제효과	염산피리독신
각질 용해효과	살리실산, 레조르신
비듬방지	염화 벤잘코니움, 염화 벤제토니움, 이소프로필메칠페놀
세포부활효과	판토텐산 및 그 유도체, 플라센타 추출물, 바이오틴, 모노니트로구아야콜, 감광소301
영양보급	Vitamin, 각종 아미노산
항염증작용	글리시레틴산, 글리시레틴산칼륨염이나 암모늄염, 알란토인

(3) 육모제: 모근부에 영양공급을 하며 모발이 자랄 수 있도록 도와주는 기능과 더 이상의 탈모현상을 막아준다.

표 5-2 육모제의 주요성분

효과	성분
혈행촉진	Ginseng ext, Garlic ext, Swertia ext, vitamin E, Nicotion amide, Carpronium chloride
모근자극	Capsicum tine, Ginger tinc, Benzyl nicotinate
살균제	Hinokitol, Benzalkonium chloride, Piroctone olamine, Zinc pyrighione
5알파-환원효소저해	Estradiol, 감초산, 고삼, 흑두(Isoflavone)
각질용해	Salicylic acid, Resorcin
피지분비억제	Pyridoxine HCl, Nicotinic acid, Nicotine amide, SeaWeed ext
청량제	L-Menthol, Camphor
세포부활	Placenta, GABA, Vitamin B5, Vitamin H, 감광소301호, GHK Cu, AHK Cu
에너지공급	Glyceryl pentadecanoate
보습	해초,동충하초, 영지, 산수유, 알로에, 클로렐라, 실크가수분해물
탄력부여	용성 시스틴

5) 화장품의 구비 요건

(1) 안전성: 피부자극, 알러지, 독성이 없을 것.

(2) 안정성: 보관에 따른 변질,변취,미생물 오염이 없을 것.

(3) 사용성: 사용이 쉬워야 할 것.

(4) 유효성: 적절한 보습, 미백, 세정, 색채효과 등을 부여할 것.

6) 성분표기(제조년월일)

(1) 제조년월일

① 식품의약품안전청 - 화장품의 제조연월일을 반드시 표기하도록 하고 있다.

국내화장품의 경우 - 소비자가 이해하기 쉽게 제조일을 숫자로 표기

수입화장품의 경우 - 알파벳 약자와 숫자를 함께 사용

② 국내제품 표기법 - 제조일 2024년07월01일(또는 2024.07.01.)로 표기
20240701로 한글없이 숫자만 나열된 경우에는 앞에서부터 2024년07월01일로 해석

③ 수입제품 표기법 - MDF, MFG, M 이라고 써있는 경우가 있는데 Manufactured (만들어진)의 약자로 제조일을 표기할 때 날짜 앞에 붙인다.
브랜드마다 알파벳과 숫자를 앞뒤로 섞어 다양하게 표기

7) 성분표기(유통기한)

(1) 유통기한

① 식품의약품안전청 - 변질이 쉬운성분이 함유된 제품에만 유통기한을 표기

② 국내제품 표기법 - 6M,12M,24M이라고 쓰여 있는데 숫자는 개월 수를 의미
6M은 개봉후 6개월 이내에 사용하라는 뜻이다.

③ 수입제품 표기법 - EXP 02.03.2024에서 EXP는 Expiry Date(사용만료일)의 약자
2024년 3월2일까지 사용하라는 의미

④ 제품군별 유통기한 - 스킨 개봉하기전 3년, 개봉후 1년 내사용
로션, 에센스, 크림등 개봉전 2~3년, 개봉후 6개월이내 사용
기능성 제품 1년이내에 사용(공기접촉시 산화), 개봉후 3~6개월
마스카라 1년 립스틱, 립글로우 개봉후 2년이내 사용

8) 성분표기(표시지정성분)

(1) 표시지정 성분

표시지정 성분은 화장품에 들어가는 성분 중 피부에 알레르기나 트러블 등을 일으킬 수 있는 성분 이러한 성분이 많을수록 피부에 문제를 일으킬 확률도 높기 때문에 대표적인 지정 성분을 기억했다가 화장품 구입시 체크해본다.

① 트리에타놀아민: 유·수분 제품에 들어 있는 성분으로 피부 점막과 피부, 눈을 자극

② 트리이소프로파놀아민: 피지를 제거해주는 역할을 하지만 피부 건조의 원인이 되기도 한다.

③ 파라옥시안식향산에스텔류(파라벤): 살균, 곰팡이 방지기능이 있지만 피부 타입에 따라 트러블이 생길 수도 있다.

④ 폴리레틸렌그리콜: 보습작용과 계면활성작용을 돕는 성분으로, 입에 들어가게 되면 신장장애를 일으킬 수 있다.

구분	내용	미국	1977년 전성분 표기 의무화
장원기명	장원기(화장품원료기준)에 수록된 명칭	유럽	1980년대 전성분 표기 의무화
KCID명	대한민국화장품원료집(KCID)에 수록된 명칭	일본	2002년 3월부터 전성분 표기실시
INCI명	국제화장품원료집(INCI)에 수록된 명칭	한국	2008년 10월 전성분표기 실시

9) 모발화장품의 종류 및 기능

Class	Function
Shampoo	Cleansing
Rinse/Conditioner	Conditioning
Hair Treatment	Nourishing/Repairing
Hair Mousse	Styling
Hair Spray	Setting
Hair Styling Gel	Styling(Wet-Look)
Hair Cream/Oil/Liquid/Wax	Styling(Gloss)
Hair Color	Coloring
Permanent Wave	Waving
Hair Tonic/Grower	Scalp Care/Hair Loss Prevention

두피와 모발에 관련된 기능성 화장품은 주로 두피의 건강을 유지하고 모발을 강화하는 데 초점을 맞춘 제품들이다. 이러한 제품들은 다양한 문제를 해결하고, 두피의 상태를 개선하며, 모발을 건강하게 유지하는 데 도움을 준다. 대표적인 기능성 화장품 종류는 다음과 같다.

(1) 두피 세럼 (Scalp Serum)

- 기능: 두피에 영양을 공급하고, 모근을 강화하여 건강한 모발 성장에 도움을 준다. 탈모 예방과 두피의 피지 조절, 염증 완화에도 효과적이다.
- 주요 성분: 비타민 B군, 미네랄, 식물 추출물 (예: 로즈마리, 티트리 오일), 카페인 등

(2) 탈모 방지 샴푸 (Anti-Hair Loss Shampoo)

- 기능: 탈모를 예방하거나 완화하는 샴푸로, 모발과 두피를 청결하게 유지하며, 두피에 영양을 공급하여 모발 성장을 촉진한다.
- 주요 성분: 카페인, 판테놀, 비오틴, 아르겟닌, 녹차 추출물, 한방 성분 등

(3) 두피 토닉 (Scalp Tonic)

- 기능: 두피의 혈액 순환을 촉진하고 모발 뿌리를 강화하여 탈모를 방지한다. 또한 두피의 피지와 각질을 관리해준다.
- 주요 성분: 민감한 두피를 위한 진정 성분, 멘톨, 피지 조절 성분 등

(4) 모발 강화 마스크 (Hair Strengthening Mask)

- 기능: 모발을 깊숙이 보호하고 강화하는 트리트먼트로, 손상된 모발을 복구하고 윤기와 탄력을 더한다. 두피에도 사용 가능한 제품들이 있다.
- 주요 성분: 케라틴, 아르간 오일, 콜라겐, 히알루론산 등

(5) 헤어 세럼 (Hair Serum)

- 기능: 손상된 모발을 매끄럽게 하고 윤기를 더하며, 열 손상과 외부 자극으로부터 모발을 보호한다.
- 주요 성분: 실리콘, 아르간 오일, 비타민 E 등

(6) 두피 클렌징 샴푸 (Scalp Cleansing Shampoo)

- 기능: 두피의 과도한 피지와 각질을 제거하여 청결한 상태를 유지하고, 두피 트러블을 예방한다.
- 주요 성분: 티트리 오일, 살리실산, 자일리톨, 차가운 멘톨 등

(7) 헤어 볼륨업 스프레이 (Hair Volumizing Spray)

- 기능: 모발에 볼륨을 더해 주며, 가늘고 힘 없는 모발에 두께감을 주는 제품이다.
- 주요 성분: 식물성 단백질, 폴리머, 비타민 C 등

(8) 헤어 오일 (Hair Oil)

- 기능: 건조하고 손상된 모발을 촉촉하게 해주며, 영양을 공급하고 모발의 푸석함을 개선한다.
- 주요 성분: 아르간 오일, 코코넛 오일, 올리브 오일 등

(9) 탈모 방지 앰플 (Hair Loss Ampoule)

- 기능: 탈모가 진행 중인 두피에 집중적으로 영양을 공급하고, 모근을 활성화하여 탈모를 예방하고 개선하는 제품이다.
- 주요 성분: 바이오틴, 카페인, 식물성 추출물 등

(10) 두피 마스크 (Scalp Mask)

- 기능: 두피에 집중적으로 영양을 공급하고, 수분을 보충해 두피의 건강을 유지하는 데 도움을 준다. 보통 주 1~2회 사용된다.
- 주요 성분: 알로에 베라, 아보카도 오일, 녹차 추출물 등

(11) 헤어 컨디셔너 (Hair Conditioner)

- 기능: 모발에 수분과 영양을 공급하여 부드럽고 윤기 나는 모발로 가꾸어 준다.
- 주요 성분: 시어버터, 콜라겐, 판테놀, 실크 단백질 등

(12) 두피 스케일링 제품 (Scalp Scaling Product)

- 기능: 두피의 각질을 제거하고, 피지를 조절하여 두피 트러블을 예방하는 제품이다. 주로 샴푸나 트리트먼트와 함께 사용된다.
- 주요 성분: AHA (알파하이드록시산), 살리실산, 티트리 오일 등

(13) 모발 성장 촉진제 (Hair Growth Promoter)

- 기능: 탈모를 예방하고, 모발 성장을 촉진시키는 제품입니다. 두피에 직접 도포하여 사용한다.
- 주요 성분: 미녹시딜, 카페인, 비타민 D, 바이오틴 등

10) 샴푸(Shampoo)

(1) 샴푸의 정의

샴푸의 어원은 매만지다, 주무르다의 의미로 건강한 두피, 모발 상태를 유지하기 위한 세정의 뜻을 가지고 있다.

(2) 샴푸의 목적

① 두피 및 모발을 깨끗하게 씻어준다.

② 비듬 및 가려움을 덜어준다.

③ 두피 및 모발을 건강하게 유지시킨다.

④ 모발에 윤기를 준다.

(3) 두피 오염의 종류

① 외부 오염: 먼지, 자동차 배기가스, 담배연기, 요리시의 기름/연기, 기타 모발 화장품

② 내부 오염: 피지, 땀, 비듬(피부 신진 대사에 의해 탈락되는 세포)

11) 샴푸제의 구성

(1) 정제수(Water)

(2) 세정제

(3) 분산제, 조정제(컨디셔닝제), 형광제, 거품제, 살균제(방부제), 항비듬제, 보습제, 증점제(점증제), 금속이온봉쇄제, 항산화제, 향료, 색소, ph조절제 등

① 샴푸제의 구성(정제수)

경수(센물): 물과 땅에 있는 광염(mineral salts)이라는 화학성분(칼슘, 마그네슘)이 섞임(지하수), 비누거품이 잘 일지 않으며 비누 찌꺼기가 생기고, 씻은 후에도 딱딱한 느낌을 느낄 수 있다.

☆ 영구적 경수 : 황산염이나 탄산염은 연구적 경수의 원인이 되는 광염, 모발의 감촉을 거칠게 하며 윤기도 없어진다. 경수 성분은 물에서 제거하기가 매우 어렵지만 화학성분을 첨가하면 연수로 바꿀 수 있다.

☆ 일시적 경수 : 중탄산염은 일시적 경수의 원인이 되는 광염으로 식수로 사용하면 짠맛을 내기도 하며, 물의 중탄산염은 모발에 사용되었을 때 두드러진 역효과를 내지 않음, 일시적 경수는 끓이면 연수로 전환이 되며 머리를 헹굴 때 경수를 사용하면 샴푸 후에 모발에 비누찌꺼기가 남아 있을 수 있다.

☆ 연수(단물) : 연수에는 화학성분이 있다고 해도 매우 소량(수돗물)이며 모발에 사용해도 역효과는 없으며 마셔도 짠맛은 없다.

② 샴푸제의 구성 (계면활성제)

계면활성제(Surface Active Agent)

- 물의 표면에 작용하여 물의 표면 장력을 줄여서 쉽게 침투하고 잘 퍼지게 만드는 물질의 총칭
- 친수성기(둥근 머리모양, hydrophilic group)와 친유성기(=소수성기, 꼬리모양, hydro- phobic group)를 동시에 갖는 물질

계면활성제(Surface Active Agent)작용

- 습윤작용(젖는 것을 말함) · 침투작용(골고루 스며들게 함) · 흡착작용(섬유의 오점에 붙게 함) · 기포작용(거품) · 분산작용(떨어지고 부서지게 함) · 보호작용(천에 재 부착 못하게 함)

계면활성제(Surface Active Agent)종류

구분	기능 및 용도	표기성분(예)
음이온 계면활성제 (anionic surfactant)	세정력, 기포형성 : 비누, 샴푸, 클렌징 제품, 바디클렌저	sodium laureth sulphate, sodium lauryl sulphate
양이온 계면활성제 (cationic surfactant)	살균, 소독, 정전기 억제 : 헤어린스, 트리트먼트	polyquarternium-10
양쪽성 계면활성제 (amphoteric surfactant)	피부자극이 적음 : 저자극 샴푸, 베이비 샴푸	cocamido propyl betaine or cocamido betaine
비이온 계면활성제 (nonionic surfactant)	피부자극이 적음 : 기초/메이크업화장품	laureth-3 or 4 / cocamide or cocoglucosides

* Toxicity : 양이온성 > 음이온성 > 양쪽성 > 비이온성

샴푸의 계면활성제(Surface Active Agent)

구분	특징
지방산계 계면활성제 (비누)	• 비누계 샴푸는 강한 알칼리성(pH10이상) • 강한 세정력으로 모발과 두피의 저항력을 떨어뜨림 • 경수와 사용했을 경우 물에 녹지 않는 침전물을 형성 → 거품을 일으키는 힘과 세정력을 약화시키고 피막을 만들어 모발의 광택을 없애고 끈적끈적한 감촉
고급알코올계 계면활성제	• 식물성 기름(월계수, 올리브유 등) - 알코올 → 합성세제 • 경수와 pH의 변화에도 잘 반응하여 알칼리성 반응이 없음 • 비누계보다 세정력이 뛰어나고 거품력을 잃지 않으며 pH산성으로 사용이 가능 • 헹굼이 쉽고 비듬을 완전히 제거하며, 모발을 유연, 윤기 있게 함 • 현재 시판되고 있는 샴푸는 세정력이 좋고 기포성이 풍부한 고급 알코올계 음이온 계면활성제(SLS, SLES)와 비이온 계면활성제를 혼합, 배합한 것 → SLS(알킬황산염), SLES(알킬에테르황산염)

계면활성제(Surface Active Agent)분류

구분	특징
유화제 (emulsifier)	크림, 로션 → 물에 오일성분이 계면활성제에 의해 우유빛으로 백탁화
가용화제 (solubilizer)	화장수 → 물에 소량의 오일성분이 계면활성제에 의해 투명하게 용해
세정제 (detergent)	클렌징 제품
분산제 (dispersant)	마스카라, 파운데이션 → 물 또는 오일성분에 미세한 고체입자가 계면활성제에 의해 균일하게 혼합된 상태의 제품

③ 샴푸제의 구성(기포안정제)

구분	기포안정제(Foam booster)
특징	안정되고 매끄러운 거품을 밀도 있게 형성
주요성분	기포 증진과 안정을 목적으로 알카놀아미드(Alkanol Amide), 아민옥사이드(Amine Oxide)등의 비이온 계면활성제 사용
기타	코카마이드미, 라우라미드미, 라우릭디, 포리솔베이트20

④ 샴푸제의 구성(조정제)

구성	조정제(Conditioning)
특징	• 수분유지, 쉬운빗질, 정전기감소, 모발의 윤택 • 약간의 모발 색깔 증가를 위해 모발 표면의 굴절률 변화시키는 역할
주요성분	• 라놀린과 그 유도체, 세틸 알코올, 올레일 알코올 등이 첨가(2%제한) • 계란노른자 : 수분확산방지, 윤화제, 모이스처라이저 • 글리세린(윤화제), 지방산에스테르(윤화제), 라놀린, 레스틴(보습제)
기타	• 세틸알코올 : 모발을 코팅하고 젖었을 때 빗질을 쉽게 만들어 줌 • 세트리모니움 브롬화물/염화물 : 정전기 방지와 모발을 빛나게 만들어 줌

⑤ 샴푸제의 구성(점증제)

구성	조정제(Conditioning)
특징	• 샴푸에 적정한 점착성을 주기 위해 첨가 • 제품의 조밀도(Density)를 높여서 크림 등이 너무 묽어서 흐르지 않게 하는 작용을 하는 것
주요성분	아카시아검, 트라가칸스검, 메틸 셀룰로오스, 카르복시-메틸셀룰로오스, 카보폴

⑥ 샴푸제의 구성(보존제)

구성	보존제(Preservstive)
특징	• 화장품에는 각종 영양분이 함유되어 있으므로 공기에 노출되거나 불순물이 침투하면 미생물의 작용으로 변질부패 • 미생물의 성장을 억제하는 물질 • 배합량이 많으면 피부 트러블 유발
주요성분	안식향산(Benzoic acid), 파라옥시안식향산메칠(Methyl paraben), 파라옥시안식향산프로필(Propyl paraben), 페녹시에탄올(Phenoxy ehtanol), 페닐디에탄올, 메틸클로로이소치아졸리논/메틸이소치아졸리논, 메칠파라벤/프로필파라벤, 이미다졸리디닐우레아, DMDM-히단토인

⑦ 샴푸제의 구성(금속이온봉쇄제)

구성	금속이온봉쇄제(Metallic ionic Blocking agent)
특징	비누성분 샴푸에서 금속비누의 생성에 따른 투명도의 저하와 경수에서 샴푸할 때 불용성 물질의 모발흡착을 방지
주요성분	EDTA유도체, 시트릭산, 트라이폴리포스페이트, 헥사메타포스페이트, 디하이드로옥시에틸글리신, 주석산

⑧ 샴푸제의 구성(색소)

구성	색소(Color)
특징	합성색소 : FDA에서 허용된 색소와 인공으로 합성한 타르색소가 많이 사용(석유에서 추출, 저가), 색소물질은 알레르기 유발
	• 천연색소 : 생리 활성이 뛰어남 • 장점: 안전성 우수, 생리활성적 효능 효과, 최근 대량생산을 위한 연구 진행 • 단점: 대부분 식물에서 추출하여 대량생산이 안되며, 가격이 높고 색상의 선명도가 떨어지며, 다양성이 부족, 화장품에 첨가했을 때 쉽게 퇴색되거나 불안정 해져 변색
기타	ex) 머리 염색약의 parapenilen-diamin과 Nail Enamel의 Eosin

⑨ 샴푸제의 구성(방향제)

구성	방향제(Fragrance)
특징	• 제품 구매력에 중요한 결정요인 • 자외선 온도, 습도, pH, 일광, 온도, 산화 등에 의한 영향을 고려 • 소비자의 기호, 타킷 층 등을 고려
주요성분	• 천연향료: 장미, 레몬(값이 싼 콜타르) • 단리향료: 원료에서 분리, 정제된 향료 • 합성향료: 화학반응 • 인조향료: 단리향료

⑩ 샴푸제의 구성(항 비듬제)

구성	항 비듬제(Anti-dendreff Agent)
특징	• 미생물의 번식억제 • 두피와 친화력이 있어야 함 • 미국FDA 및 국내에서 배합량 엄격히 규제함
주요성분	selenium sulfide, zinc pyrithione(징크피리치온), piroctone olamine(피록톤올아민), octopyrox(옥토피록스), climbazole, salicylic acid, povidone, 알란토인, 멘톨, Zpt(Zincomadine)

⑪ 샴푸제의 구성(pH조절제)

구성	pH조절제(pH control Agent)
특징	• 음이온성 계면활성제를 사용할 경우 pH에 의해 색상, 기포력, 점도등이 영향을 받으므로 pH조절 • 대부분의 원료가 약알칼리이므로 시트릭산(구연산)으로 조절
기타	pH확인시 : 산성(red), 알칼리(blue)

⑫ 샴푸제의 구성(분산제)

구성	분산제(Dispersant)
특징	• 모발에 침전이 생기는 것을 막기 위한 것 • 비누거품을 잘 일게 해주는 역할

⑬ 샴푸제의 구성(보습제)

구성	종류	주요성분
보습제 (Moisturizer)	폴리올(polyol)	글리세린, 프로필렌글리콜, 부틸렌글리콜, 폴리에텔렌글리콜트레할로스
	천연보습인자(NMF)	아미노산, 요소, 젖산염, 피롤리돈카르본산염
	고분자보습제	히아루로산염, 콘드로이친황산염, 가수분해콜라겐
	기타	베타인

12) 린스(Rinse)

머리를 헹굴 때 세발한 모발을 산성으로 만들어 유연성을 주고, 탈지된 모발에 적당한 기름기를 주어 부드러운 광택이 있는 모발로 만들기 위하여 사용하는 세제이다.

(1) 린스의 정의

중앙 아프리카나 아랍인들이 더위로 모발이 건조해지고 모발이 부서지자 이를 보호하기 위해 버터를 발라 모발을 보호한 것으로부터 유래한 린스는 씻다, 헹구다라는 뜻으로 샴푸가 끝난 다음 모발을 부드럽고 촉촉하게 하는 것을 의미한다.

(2) 린스의 목적

- 머리카락에 윤기를 주고 부드럽게 해준다.
- 정전기 발생을 방지하여 쉽게 머리를 단정하게 한다.
- 손상된 모발을 보호한다.
- 샴푸나 비누 세발후 남아있는 알칼리 성분을 중화시키거나 제거한다.
- 빗질을 쉽게하여 모발을 부드럽고 유연하게 유지하도록 한다.
- 살균작용을 하여 냄새의 발생을 억제한다.

(3) 린스의 주요성분

① 컨디셔닝제: 양이온 계면활성제 및 유성 성분이 주성분 → 주로 모발 표면에 흡착 또는 모발 내부 침투

② 보습제: 모발에 수분 공급/유지, NMF, 글리세린등 사용

③ 두피 및 모발 보호제: 손상된 모발 치료, 외적 손상요인으로부터 두피/모발 보호, 케라틴, 식물추출물등

④ 향: 사용시 및 사용후 잔향성

⑤ 기타: 방부제, 유화제, pH조절제, 점도조절제, 염료등

(4) 린스 성분(예)

구분	성분명
콜라겐, 엘라스틴	단백질, 아미노산
보습제	폴리프로필렌글리콜, 올레일, 에테르, 모노부틸에테르
모이스춰라이저	보습제의 흡습기능과 에몰리엔트의 보수기능을 합친 것(뮤코폴리사카라이드, 글리코사미노글리칸, 히아루론산, 나프카, 글리세린, 솔비톨, 프로필렌글리콜 사용)
유성성분	유연한 감촉과 자연스러운 광택(라놀린, 스쿠알렌, 유동파라핀, 지방산과 유도체, 고급알콜, 에스테르류, 알파올레핀, 올리그머 사용)
라놀린유, 미네랄유	수분증발 방지와 광택을 위한 성분
실리콘유	모발광택용 성분
산화방지제	비타민 A, C, D, E
판타놀	모발노화방지, 모발재생(모발영양제)

발삼	발삼 식물에서 채취된 수지로 향기가 좋아 널리 사용
AHA와 요소	레몬의 구연산 - 모발을 단단하게 하고 광택과 유연성 요소, AHA - 모발의 산성밸런스 유지, 외부의 수분을 흡수하는 기능
알란토인	보습제와 비듬방지제로 사용

13) 헤어트리트먼트(Hair Treatment)

치료, 처치라는 의미를 담고 있는 트리트먼트는 두피 및 모발에 유수분을 보급하여 두피나 모발을 건강한 상태로 유지하고 손상된 모발의 진행을 방지하며 외부의 손상요인으로 부터 보호하는 역할을 한다.

(1) 헤어트리트먼트 정의

트리트먼트란 모발에 수분과 유분을 보급하여 두피나 모발을 튼튼하게 유지하고 열모, 절모, 지모, 비듬 방지의 효과를 지닌 것으로 린스제, 토닉, 헤어크림등이 있다. 주로 모발을 보호하고 손상모의 회복 등에 사용되는 트리트먼트제와 두피를 보호하여 정상으로 정돈시키는 스캘프 트리트먼트제가 있다.

(2) 헤어트리트먼트 목적

① 모발을 건강한 상태로 회복, 유지

② 손상된 모발의 진행방지, 외부 손상 요인으로부터 보호

Hair Treatment는 모발의 내부 층까지 깊숙이 침투해 손상되거나 약해진 부분을 보강해줌으로써 단순히 모발 표면에 보호막만을 형성해 주는 린스보다는 근본적인 작용을 하게함.

(3) 트리트먼트의 주요성분

① Conditioning제: 모발 유연, 정전기 방지, 빗질개선, 보습, 광택부여 (양이온 계면활성제,양이온성폴리머, 유지류)

② 두피 및 모발보호제: 모발 손상방지, 회복 및 보습효과(가수분해 단백질, 동·식물추출물, 비타민류)

③ 기타: 향, 염료, 유화제, 점증제, 방부제, 보존제 등

(4) 트리트먼트의 종류

① 사용목적에 따른 분류

- 모발의 건강을 유지, 예방: 아침 저녁의 머리 손질에 사용하는 트리트먼트제
- 손상모의 진행을 방지하고 회복시키는 트리트먼트제
- 퍼머넌트 웨이브나 헤어 컬러링 등을 시술할 때: 약제로부터 모발을 보호 프레트리트먼트제
- 자외선 및 모발의 단백질이나 염색모의 퇴색 방지: 자외선 흡수제 등을 배합한 트리트먼트제

② 사용방법에 따른 분류

- 모발 도포후 헹구어 내는 Type(Wash-off, in-Bath Type)
- 모발 도포후 헹구어 내지 않는 Yype(Leave-in Type)

③ 형태에 따른 분류

- 스프레이 타입: 헤어 트리트먼트란 액체인 내용물을 분사시키는 타입이다.
- 안개타입: 두발표면에 유분을 보급하여 광택을 주며 빗질이 잘 되도록 하는 목적이 트리트먼트제이다.
- 거품타입: 모발의 손상 방지를 위해 브러싱등 매일의 모발 손질에 필요한 트리트먼트제이다.
- 물타입의 트리트먼트: 약한 모발에 힘이나 탄력을 주기 위한 것으로 건조하여 광택이 없는 모발에 유분을 공급한다.

(5) 트리트먼트와 린스의 차이점

구분	Treatment	Rinse
사용법	샴푸후 5~15분 도포후 헹굼	샴푸후 바로 헹굴 수 있다.
효과	• 모발의 영양을 공급 • 손상복구 • 모발 깊은 관리	• 모발을 부드럽게 하고 윤기를 더함 • 엉킴방지의 표면적 관리 • 모 표피 부드럽게 한다
지속성	비교적 장기간 (샴푸 1~2회 후에도 효과지속)	단기간 (다음 샴푸때까지 지속)
성분	단백질(케라틴, 콜라겐), 오일(아르간오일, 쉐어버터), 비타민, 아미노산	실리콘, 폴리머, 오일(헤어 윤기 향상용), 계면 활성제
작용부위	모발 표면(Cuticle) 및 모발 내부(Cortex)까지	모발 표면(Cuticle)

14) 헤어토닉

(1) 헤어토닉이란

두피에 영양을 주어 건강하고 윤택한 머릿결을 만들어 주고, 모근을 튼튼하게 하여 탈모를 예방하며 비듬, 가려움증을 없애준다 유지류의 사용 유무에 따라 유성과 무유성으로 나누어진다.

① 무유성: 30~70%의 알코올 수용액에 살균제와 자극제 등을 용해시키고 향료를 넣어서 만든다.

② 유성: 물은 쓰지않고 순 알코올에 살균제와 자극제, 향료를 용해한 유지류 등을 넣어서 만드는데, 피마자기름과 지방산 에스테르는 잘 용해되지만 다른 유지는 알코올에 용해되지 않고 2층으로 분리되므로 사용할 때마다 잘 흔들어서 써야 한다.

성분별 기능

1) 비타민

항산화, 미백, 보습, 주름 개선등 다양한 효과를 제공하며, 피부 건강 유지와 문제 개선에 중요한 역할을 합니다. 화장품에 사용될 때 안정성과 효과를 높이기 위해 다양한 유도체 형태로 가공된다.

성분	효과
비타민A팔미테이트	비정상적 각질화 피부와 건성피부 및 건성두피 치유
비타민C팔미네이트 (아스코빌 팔미테이트)	콜라겐 합성촉진, 피부미백
비타민E아세테이트 (토코페롤 아세테이트)	혈행촉진, 노화억제, 유해산소 제거
디-판테놀(B5) (판토테인 알코올)	세포증식, 글리세린과 달리 끈적이지안고 뽀송뽀송한 느낌의 보습효과, 두피진정, 모발성장
비오틴(비타민H)	동·식물계에 널리 분포하는 세포성장인자, 결핍시 지루성 피부염, 손상된 케라틴 단백질을 회복

2) 한방약제

자연에서 유래한 성분으로, 피부를 진정시키고 보호하며 건강을 증진하는 데 도움을 준다. 특히 항염, 항산화, 미백, 보습과 같은 다용도로 활용되며, 전통적인 효능이 현대 과학과 결합되어 다양한 화장품에 적용 된다.

성분	효과
고삼	5알파리덕타제 효소억제, 탈모방지, 살충작용, 가려움증 해소, 항알러지 작용
인삼	면역기능증가, 뇌혈액순환 공급촉진, 진세노이드(30종의 사포닌성분)의 항산화작용, 스트레스완화, 노화방지(폴리페놀성분), 소화기관, 모근강화, 세포재생, 백발 및 탈모현상방지
감초추출물	두피 염증완화 및 방지, 항알러지작용, 중화작용, 소염작용, 두피진정, 항균력, 세포독소균에 대한 해독작용

3) 천연추출물(식물추출)

피부의 건강과 아름다움을 유지하기 위해 보습, 진정, 항염, 항산화와 같은 다양한 기능을 제공한다. 식물마다 고유의 효능이 있어 피부 타입과 문제에 맞는 제품으로 선택할 수 있다.

성분	효과
녹차	항산화, 유해산소제거, 소취작용
라벤더	수렴, 살균, 항균, 발한작용
로즈마리	항산화, 항염증, 항알러지, 항균
알로에	보습, 화상, 상처치유촉진, 항알러지
황금	유해산소제거, 항염증, 항균, 항알러지, 수렴, 보습
카모마일	소염, 살균, 혈행촉진, 진정, 수렴, 항알러지
아줄렌	비사볼롤과 마찬가지로 카모마일에서 얻은 물질로 항염증, 항알러지, 진정, 상처치유효과

4) 동물추출물

피부 보습, 탄력, 재생 등 다목적효능을 제공하며 특히 피부가 건조하거나 손상된 경우 효과적으로 작용한다. 사용시 안전성 및 윤리적 이슈를 고려하여 생산된 제품을 선택하는 것이 중요하다.

성분	효과
로얄젤리	주성분은 비타민B복합체, 아미노산등으로 보습, 피부면역강화, 세포호흡증진
플라센타	태반을 적출하여 저온에서 동결 건조시킨후 추출, 주성분은 수용성 비타민, 아미노산, 세포성장인자 등으로 보습, 세포재생, 탈모예방 효과
콘드로이친 황산나트륨	달팽이의 피부와 포유류의 연골에 함유, 고분자 보습제로 사용
키토산	게, 새우의 껍질에서 추출, 보습, 피막형성, 중금속 제거효과, 주로 모발 화장품 분야에서 사용

06

두피가꾸

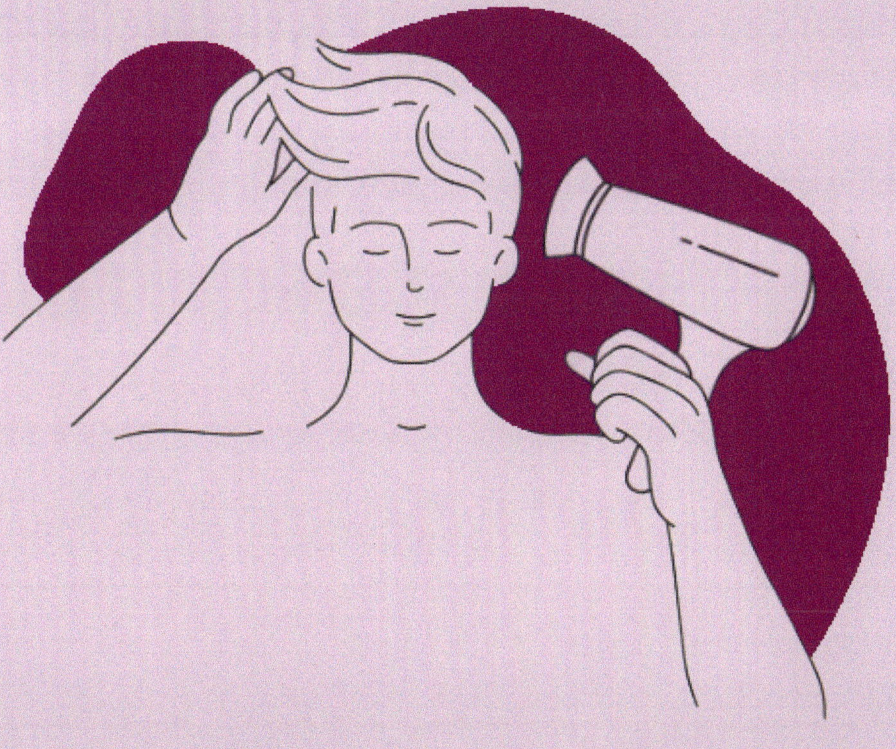

기기의 사용목적

두피, 모발 관리에 있어서 기기는 문제성 두피를 정상화하고 탈모에 대한 개선효과를 향상시키기 위해 사용하는 물리적 기구를 말하는데, 사용 용도에 따라 크게 진단용과 관리용으로 분류할 수 있다.

현미경이나 두피 진단기 등 진단 용도의 기기는 정확한 분석을 통한 체계적이고 과학적인 임상 데이터에 활용가치가 있다,

기기 사용의 필요성

두피관리 시 문제점의 해결에 효과적이 원료나 성분이 함유된 '제품' 과 제품의 작용을 상승키면서 물리적 작용을 통해 두피의 문제를 해결할 수 있는 '기기' 를 이용하면 보다 효과적이다. 두피관리는 인체의 특수한 조직을 대상으로 하는 관리로 인체는 외부로부터 흡수되는 물질에 대해 스스로 방어작용을 하기 때문이다.

기기선택시 고려사항

- 사용목적
- 작용원리 및 기능
- 관리센터의 규모 및 고객취향
- 보조기능

- 관리고객층
- 사용 제품과의 호환성
- A/S 여부 및 기간
- 허가사항(의료기, 미용기, 수입, 국산)

기기의 종류

1) 진단용 기기

(1) 모발진단기

모발 진단기는 배율렌즈를 이용하여 고객의 두피나 모발 상태를 체크하는 것으로 일반적으로 두피는 200~400배율, 모발은 600~800배율로 관찰하도록 한다.

진단기 사용전 진단기 렌즈 부위를 살균, 소독하고 렌즈와 두피의 고리 조정은 정확하게 하며, 측정 부위가 화면의 중앙에 위치할 수 있도록 하는 등의 세심한 주의가 필요하다.

표 6-1 적용부위에 따른 진단기 배율

배율	적용부의
1배율	두상 전체의 탈모 상태 파악
40, 80, 100 배율	일부분 공간의 모발 및 두피 상태 파악
200, 250, 300, 400 배율	두피와 모공의 상태 및 탄력과 예민도
600, 800, 1000 배율	모발 표면의 손상파악

(2) 현미경

보통 모낭충 진단용이나 모근 진단용으로 현미경이 사용된다. 40배율의 렌즈로 슬라이드 글라스 위에 모낭충이나 모근을 보는데 사용되며 모낭충 발견시에는 100배율의 렌즈를 이용하여 정확한 세균이나 모근의 모양을 진단하는데 사용한다.

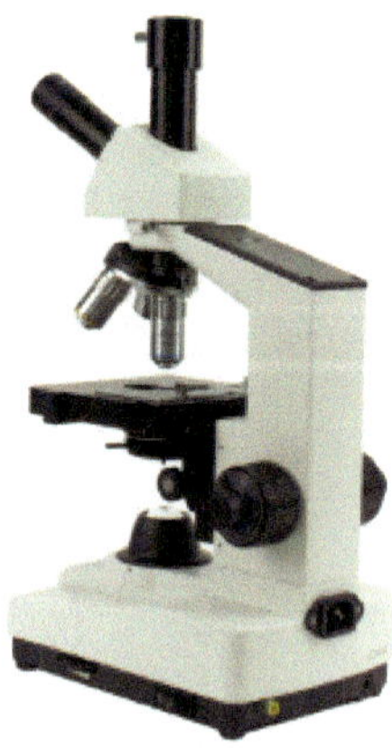

2) 관리용 기기

(1) 세정기기

세정기는 두피나 모발의 피지, 각질, 노폐물을 제거하기 위해 사용하는 기기로 두피 스케일링을 통해 모공을 열어주고 모근의 호흡작용을 촉진하며 영양성분의 흡수가 용이하도록 도와주는 역할을 한다.

① 스티머

미립자의 수증기를 이용하여 두피, 모발 깊숙이 오존(O3)을 침투시켜 미립사의 수분과 영양분을 공급함으로서 노화각질 및 노폐물 등을 부드럽게 연화시키는 한편, 두피, 모발에 부족한 수분 공급을 해주는 기기이다.

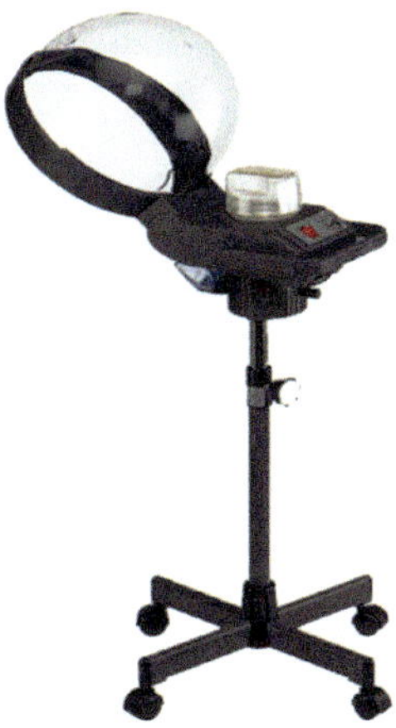

② 워터펀치

워터펀치는 높은 수압을 이용하여 모공 속에 깊이 박혀있는 이물질이나 각질을 제거해주는 작용을 하는 기기로 진동을 통한 두피 마사지로 혈액순환을 촉진시키고 모공을 열어 주는 영양분의 모공 내 흡수율을 높여준다. 기기 사용시 두피상태를 고려해 수압 및 사용량을 선택하고 평균적으로 38℃의 온도를 유지하도록 한다.

(2) 영양침투기기

제품의 피부 흡수율을 높이고 두피의 신진대사를 활성화시키는데 작용한다.

① 고주파기

인체의 기혈 순환통로를 자극, 신체 내부의 면역 체계를 증강시키는 역할을 하는 기기이다. 고주파는 살균 및 소독을 통해 문제성 두피를 예방하며 두피 조직의 영양흡수와 진정효과를 촉진시켜준다.

② 저주파기

인체 관리 및 치료의 기본 작용원리는 인체 내에 미세전류의 자극을 통해 근육이완 및 혈액순환을 개선시켜준다 일반적으로 10Khz정도의 낮은 주파수는 관리사가 손으로 가볍게 두드리는 정도로 강도의 근육운동을 자극하여 주파수가 높을수록 통증을 진정시키는 효과를 나타낸다.

③ 적외선

적외선은 온열효과와 빛을 이용하여 세포 내를 자극, 두피 내의 영양침투 및 피부 흡수를 돕고 혈액순환과 근육 이완에 효과가 있으며 두피 내 노폐물의 배출에 효능이 있다, 적외선은 영양제품을 도포하기 전 두피의 물기를 제거하고 조사해 빛의 반사를 방지해야 한다.

④ 초음파기

진동수가 20KHz이상으로 매우 높아 인간의 감각으로는 감지가 어려운 진동음파이다. 이러한 음파 중에 매우 빠른 음파를 초음파라 하는데 인체에 투여 되었을 때 초음파의 진동은 분자 간의 마찰에 의해 열을 발생시키고 혈액순환과 신진대사 기능을 촉진시켜 영양의 침투를 용이하게 하는 긍정적 효과가 있다.

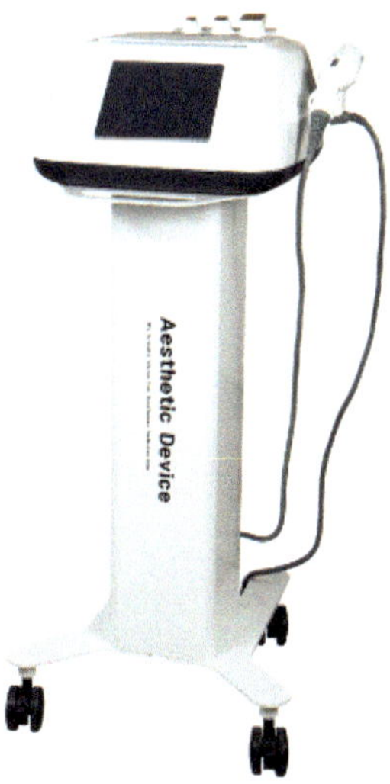

고주파

저주파

적외선

07

실기편

고객 상담 및 진단 과정

1.1 상담 체크리스트 작성

기본정보		
이름		
성별	ㅁ남성 ㅁ여성	
나이		
연락처		
직업		
주요 스트레스 요인		
두피상태		
주요증상	ㅁ가려움 ㅁ비듬 ㅁ탈모 ㅁ피지과다 ㅁ염증 ㅁ기타:	
두피 민감도	ㅁ민감함 ㅁ보통 ㅁ기타:	
모발상태	ㅁ건조 ㅁ손상 ㅁ탈모 ㅁ정상 ㅁ지성 ㅁ기타 “	
생활 패턴 진단		
식습관	ㅁ규칙적 ㅁ불규칙적 ㅁ인스턴트식사 횟수(회)	
수면시간	ㅁ4시간 이하 ㅁ8시간 이상	
특이사항	ㅁ다이어트 ㅁ음주:주 회 ㅁ흡연 ㅁ출산경험:	
샴푸 횟수 및 습관	ㅁ매일2회이상 ㅁ매일1회 ㅁ2~3일 ㅁ주1회 이하	
	ㅁ아침 ㅁ저녁 ㅁ기타:	
드라이 습관	ㅁ따뜻한 바람 ㅁ찬바람 ㅁ자연건조 ㅁ기타:	
사용제품		
두피관리이력		
전문 두피 관리경험	ㅁ없음 / 회)	
복용약 여부	ㅁ없음 ㅁ있음(약명:)	
최근 헤어시술경험	ㅁ염색(시기:) ㅁ펌(시기:) ㅁ기타:	
고객 요구사항		
관리 목적	ㅁ두피건강개선 ㅁ탈모예방 ㅁ비듬관리 ㅁ가려움해소 ㅁ기타:	
선호관리 스타일	ㅁ부드러운 관리 ㅁ강도 있는 관리 ㅁ · 기타:	

두피 유형	ㅁ건성 ㅁ지성 ㅁ민감성 ㅁ기타:	
추천 프로그램		
관리계획		
초기 관리주기		
추후 관리주기		
홈케어 추천제품		

1.2 진단

상담 체크리스트를 바탕으로 진단을 한다. 우선 1차적으로 육안으로 두피 상태를 살펴보고(견진법), 불편한 증상을 물어보고(문진법), 손으로 만져볼 수 있다(촉진법).

2차적으로 두피 진단기기를 활용하여 두피 상태를 시각적으로 고객에게 확인시켜 주면서 현재 두피 상태에 대해 설명해 준다. 진단이 끝나면 결과를 바탕으로 원인을 설명하고 관리법과 향후 관리계획을 면밀히 설명해 준다.

1) 두피 진단 기기의 주요기능 및 활용목적

두피 진단 기기는 고객의 두피 상태를 고배율 카메라로 확대해 육안으로 보이지 않는 문제를 확인하고 두피의 유분과 각질상태, 모낭의 밀도 및 모발의 굵기 등 다양한 데이터를 측정할 수 있는 전문장비이다.

주요기능은 두피의 고객의 각질, 염증, 모공상태를 시각화해 주고, 두피의 여러부위(전두부, 측두부, 후두부 등)에서 촬영하여 상태 비교와 모발의 밀도를 분석한다. 또한 피지 분비량을 측정하여 지성 또는 건성두피를 구분할 수 있다. 관리 전후 상태를 비교하는 것에도 유용하게 사용된다. 이를 통해 고객의 두피 상태를 정확히 진단하고 문제원인 파악과 데이터 기반의 설득력 있는 관리프로그램을 제안하고 지속적인 모니터링으로 관리 효과를 극대화 할 수 있다.

2) 두피 상태 분석 절차

① 밝고 청결한 진단 공간을 준비하고, 기기의 전원 상태와 센서를 점검하여 정확도 확보

② 측정 및 데이터 분석

전두부 촬영

두경부 촬영

좌측 측두부 촬영

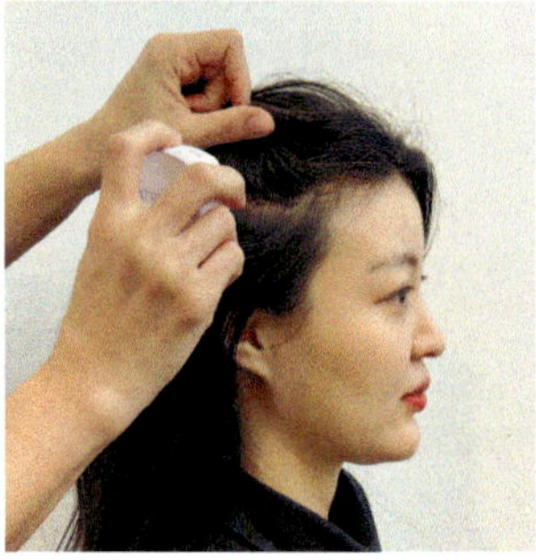

우측 측두부 촬영

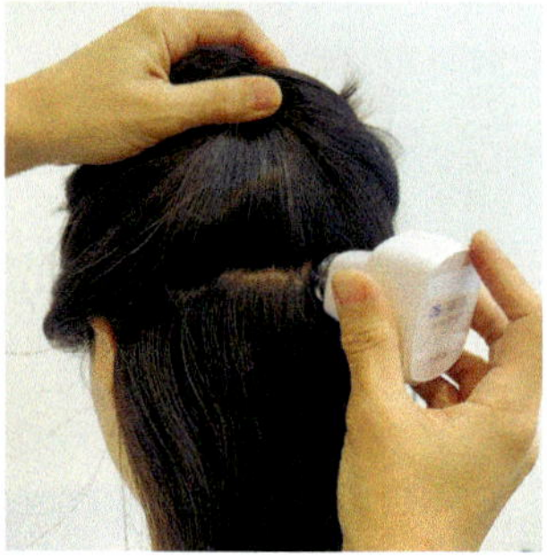

후두부 촬영

1.3 고객 맞춤형 관리 프로그램 제안

1) 건성두피(Dry Scalp)

① 특징

두피 수부부족, 각질과다 발생

모발이 푸석하고 가늘며 탈모 위험증가

예시)

건성두피사진 1

건성두피사진 2

건성두피사진 3

② **관리목표**

- 두피 보습 강화 및 각질제거
- 두피 장벽 회복과 영양 공급
- 주의사항 : 뜨거운 열은 피하도록 하며 스티머 온도는 40도 정도 유지

③ **맞춤형 프로그램**

- 1단계 : 스트레칭
- 2단계 : 두피 브러싱
- 3단계 : 두피 스켈링
- 4단계 : 두피 스티머
- 5단계 : 샴푸
- 6단계 : 두피 영양마사지
- 7단계 : 두피 스티머
- 8단계 : 모발 트리트먼트
- 9단계 : 헹굼 후 두피건조
- 10단계 : 두피 진단기 재 체크
- 11단계 : 홈케어추천 및 마무리

④ **관리주기 :** 주1회 전문관리 + 매일 홈케어 두피토닉 제품 사용

2) 지성두피(Oily Scalp)

① 특징

피지 분비 과다로 두피가 번들거리며 냄새 발생가능

모공 막힘으로 염증 및 트러블 발생 위험

예시)

지성두피사진 1

지성두피사진 2

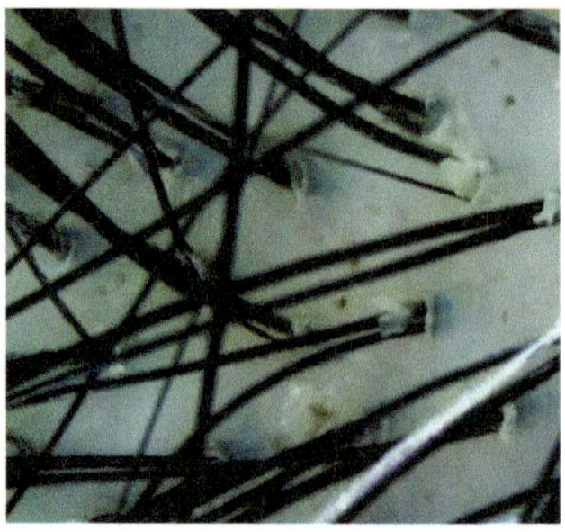

지성두피사진 3

② 관리목표

- 피지 조절 및 두피모공 청소
- 염증 완화와 세정력 강화
- 주의사항 : 마사지시 너무 강한 압은 피한다

③ 맞춤형 프로그램

- 1단계 : 스트레칭
- 2단계 : 두피 브러싱
- 3단계 : 두피 스켈링(두피 열감을 낮추기 위한 성분이 함유된 제품)
- 4단계 : 두피 스티머
- 5단계 : 샴푸(피지조절기능이 있는 제품)
- 6단계 : 두피 수분공급
- 7단계 : 헹굼 후 두피건조

- 8단계 : 두피 진단기 재 체크
- 9단계 : 홈케어 추천 및 마무리

④ 관리주기 : 주1~2회 집중관리 + 매일 저자극 샴푸로 홈케어

3) 민감성 두피(Sensitive Scalp)

① 특징

두피가 쉽게 자극 받고 가려움이나 붉은 반점 발생

특정 제품 사용시 알레르기 반응이 있을 수 있음

예시)

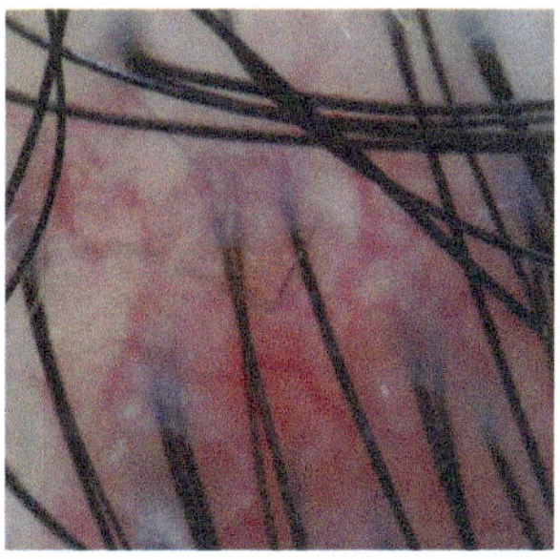

민감성두피사진 1

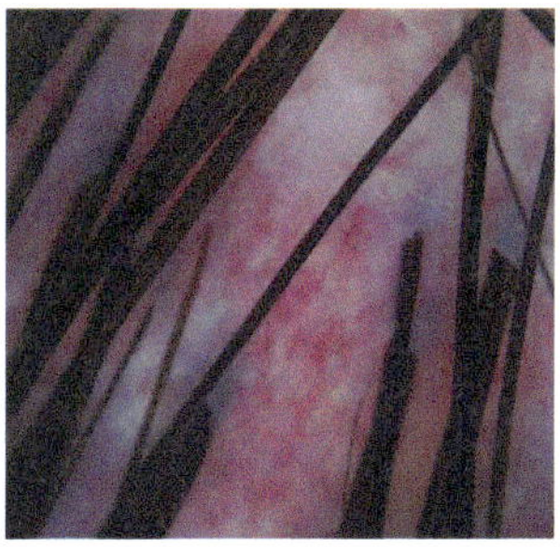

민감성두피사진 2

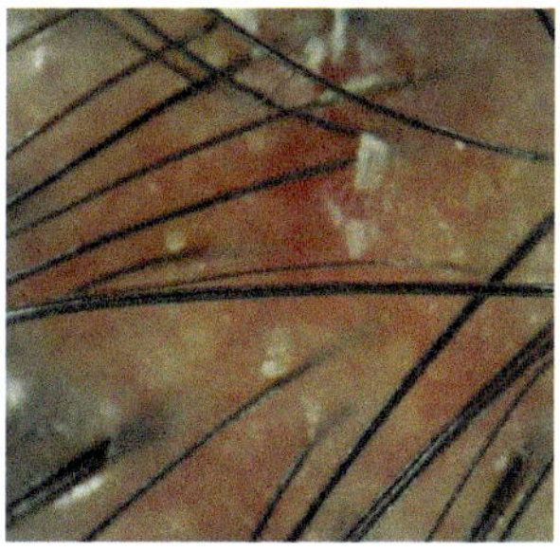

민감성두피사진 3

② 관리목표

- 두피 진정 및 염증완화
- 자극 없는 세정과 보습 제공
- 주의사항 : 스티머 사용시 온도 38도, 10분을 넘기지 않도록 함
  스켈링시 자극은 피한다.

③ 맞춤형 프로그램

- 1단계 : 스트레칭
- 2단계 : 두피 브러싱
- 3단계 : 두피 스켈링(진정젤을 베이스로 스켈링 진행)
- 4단계 : 두피 스티머(미지근한 스티머온도 유지)
- 5단계 : 샴푸(무향, 무색소, 알레르기 유발성분이 없는 제품)
- 6단계 : 두피 장벽회복(두피진정제품)제품 도포
- 7단계 : 두피 스티머(미지근한 스티머온도 유지)
- 8단계 : 모발 트리트먼트
- 9단계 : 헹굼, 두피건조 후 두피 진정(민감성 두피토닉사용)
- 10단계 : 두피 진단기 재 체크
- 11단계 : 홈케어추천 및 마무리

④ 관리주기 : 주1회 두피 진정관리 + 알레르기 유발제품 금지

4) 탈모형 두피(Hair Loss Scalp)

① 특징

- 모낭 밀도 감소 및 얇아진 모발
- 특정 부위의 집중적인 탈모 진행 가능

예시)

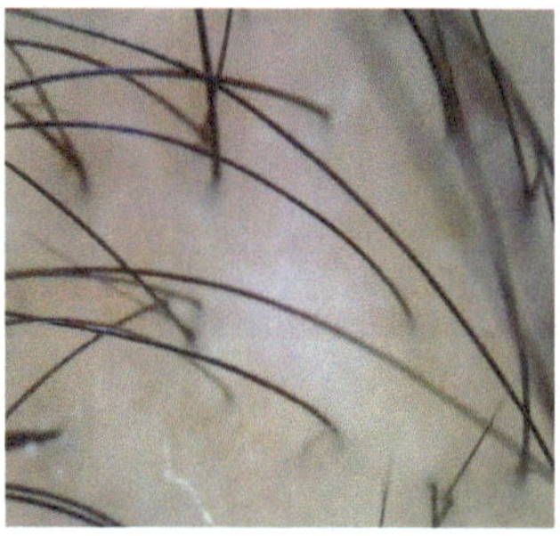
탈모형 두피 사진 1

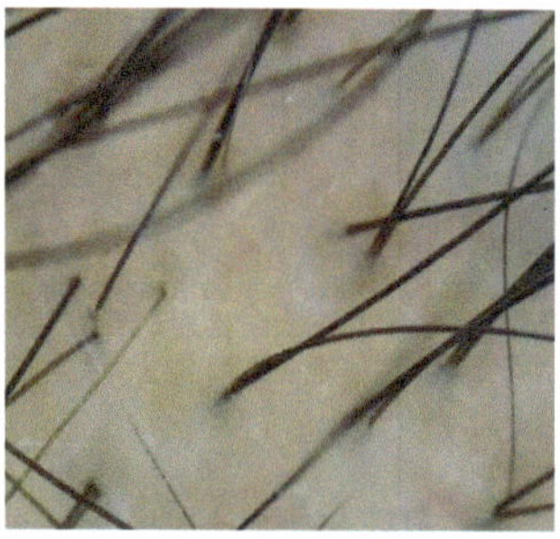
탈모형 두피 사진 2

탈모형 두피 사진 3

② 관리목표

- 모낭 활성화와 모발 성장 촉진
- 두피 혈액순환 개선

③ 맞춤형 프로그램

- 1단계 : 스트레칭
- 2단계 : 두피 브러싱
- 3단계 : 두피 스켈링
- 4단계 : 두피 스티머
- 5단계 : 샴푸
- 6단계 : 모낭강화 및 성장 촉진 제품 도포 후 혈액순환 촉진 마사지
- 7단계 : 두피 스티머
- 8단계 : 모발 트리트먼트
- 9단계 : 헹굼, 두피건조 후 두피앰플 시술
- 10단계 : 두피 진단기 재 체크
- 11단계 : 홈케어 추천 및 마무리

④ 관리주기 : 주 2~3회 집중관리 + 매일 탈모 전용 앰플 도포

관리 준비

2.1 위생 및 소독 절차

두피 관리 시 가장 중요한 것은 위생과 청결을 철저하게 유지하는 것이다.

모든 과정은 위생 기준에 따라 이루어져야 하며, 이를 통해 고객의 신뢰를 얻고 관리 효과를 극대화 할 수 있다.

① 손위생 : 관리 전 반드시 깨끗이 씻고 손 소독제를 사용한 후 필요시 위생장갑 착용
② 도구 소독 : 두피진단기, 브러시 등 모든 도구는 관리 전후 소독제나 알콜을 이용해 소독
③ 작업 환경 소독 : 고객이 앉을 의자, 샴푸대 등은 청결하게 유지
④ 소모품 위생 : 타올, 가운 등은 반드시 1인 1회용으로 준비하고, 사용 후 즉시 세탁하거나 폐기

위생과 소독 절차를 철저히 준수하는 것은 고객의 건강과 안전을 보호하고 전문성을 강조하는 필수 요소이다.

2.2 제품 및 도구 준비

관리에 필요한 제품과 도구를 사전에 완벽히 준비하는 것은 두피 관리의 원활한 진행을 위한 기본이다.

① 도구정리 : 브러시, 스켈링도구 등 기본 도구는 손이 닿기 쉬운 곳에 체계적으로 정리
② 제품준비 : 고객의 두피 상태에 맞는 샴푸, 트리트먼트, 앰플 등을 미리 선택하여 준비
③ 소모품 확인 : 타올, 일회용캡, 물온도, 안대 등 소모품은 빠짐없이 준비해 관리 과정에서 불편함이 없도록 함
④ 시각적 신뢰 : 제품과 도구를 고객이 볼 수 있는 위치에 비치해 전문성과 신뢰를 전달

2.3 고객 편의를 위한 환경 세팅

두피 관리 환경은 고객이 최대한 편안하게 느낄 수 있도록 세심하게 준비한다.

① 환경조성 : 관리실은 조용하고 안정적인 공간으로, 온도는 22~24도, 적절한 습도와 환기를 유지하여 쾌적한 환경을 제공
② 의자세팅 : 관리 중 고객이 편안히 관리 받을 수 있도록 쿠션이나 담요를 준비
③ 보호장치 : 타올이나 방수 커버를 사용해 고객의 얼굴과 옷이 물이나 제품에 닿지 않도록 보호
④ 감각적인 편안함 : 은은한 음악과 아로마를 활용하여 고객이 긴장을 풀고 편안함을 느낄 수 있도록 함

고객이 느끼는 환경적 만족도는 두피 관리의 전반적인 경험을 결정 짓는 중요한 요소로 작용한다.

두피 관리 절차

3.1 두피 마사지에 필요한 스트레칭

두피 마사지의 첫 번째 순서로 승모근과 목근육을 먼저 이완시킨다. 경부의 수축, 긴장은 동맥, 정맥의 순환장애와 함께 혈액 순환과 임파절 흐름을 방해하므로 먼저 이행되어야 한다.

1) 목과 어깨 스트레칭

두피로 가는 혈류를 원활하게 하고, 긴장된 목과 어깨 근육을 풀어준다.

- 안면근 : 안면 신경의 지배를 받아 얼굴의 근육을 형성시키고, 이마의 주름을 만들며, 눈썹 올리는 작용을 한다.
- 흉쇄유돌근 : 부신경과 경신경의 지배를 받아 머리를 움직이는 근육이다.
- 승모근, 삼각근 : 어깨의 뭉친 근육을 풀기 위해 이 근육을 충분히 마사지한다.

① 측면 목 스트레칭

편안하게 앉아서 등을 곧게 펴고, 왼손으로 오른쪽 머리를 옆으로 잡는다.

머리를 왼쪽으로 부드럽게 당기며 오른쪽 목의 근육을 스트레칭한다.

10초 유지한 후 반대쪽도 동일하게 반복한다.

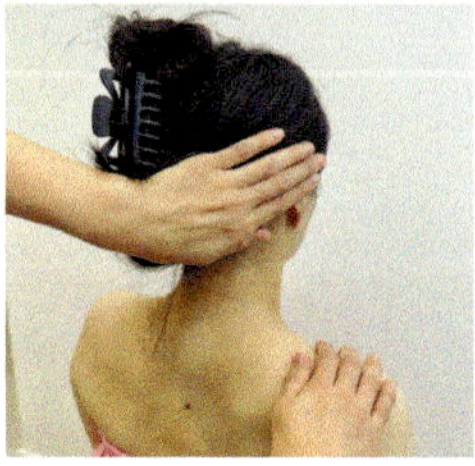
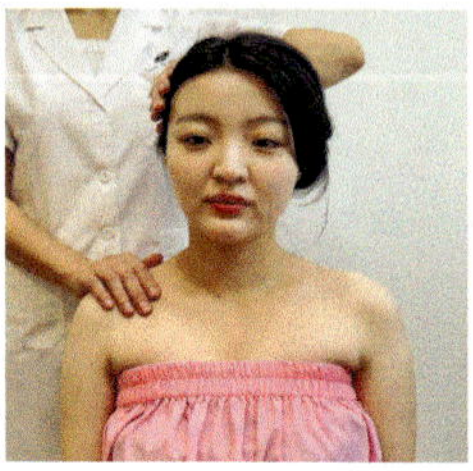
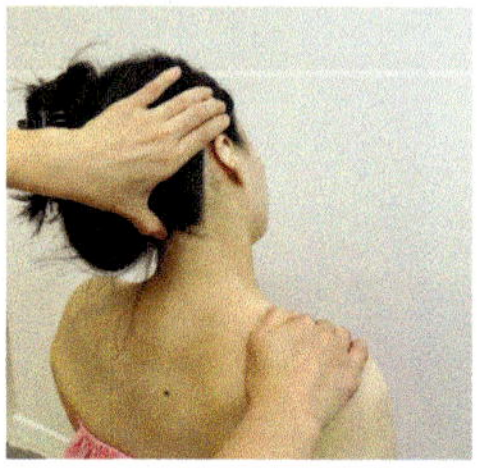
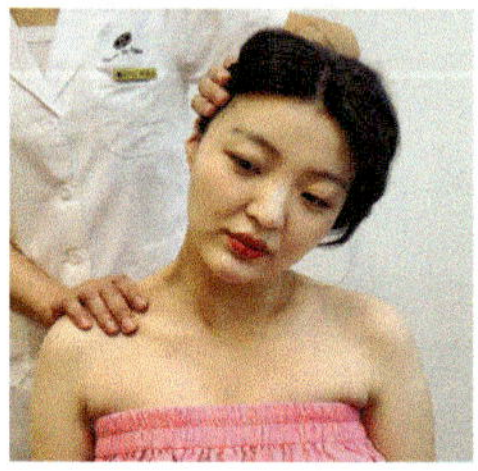

② 앞 뒤 목 스트레칭

머리를 앞으로 숙여 턱이 가슴에 닿도록 내린다.
한손으로 머리 뒤에 얹고 아랫쪽으로 부드럽게 누른다.
10초 간 유지한 후 고개를 뒤로 젖혀 목 앞부분을 스트레칭한다.

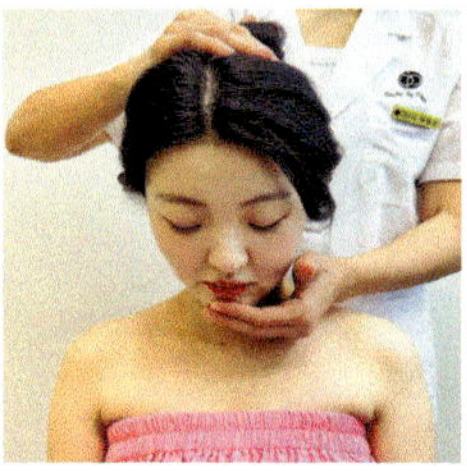

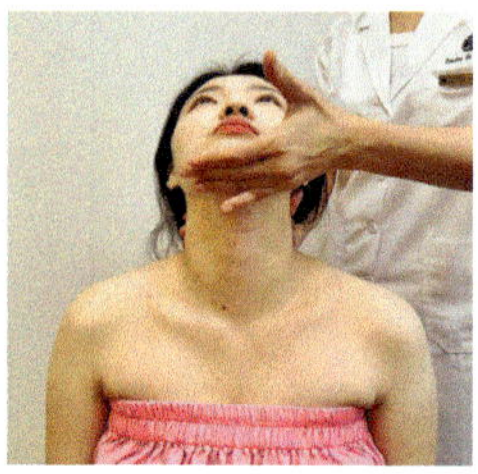
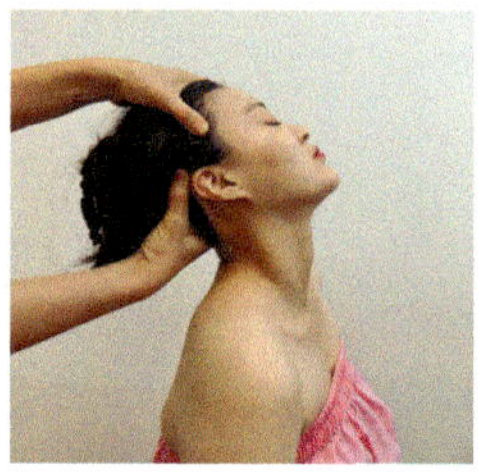

③ 승모근, 삼각근 스트레칭

상부승모근을 양손으로 가볍게 잡고 안쪽에서 바깥쪽으로 엄지로 쓸어주고, 주무른다.
당겨주면서 집어 올린다.
삼각근을 양손을 잡고 둥글게 굴려주고 주무른 후 상부승모근에서 삼각근까지 쓸어내려준다.

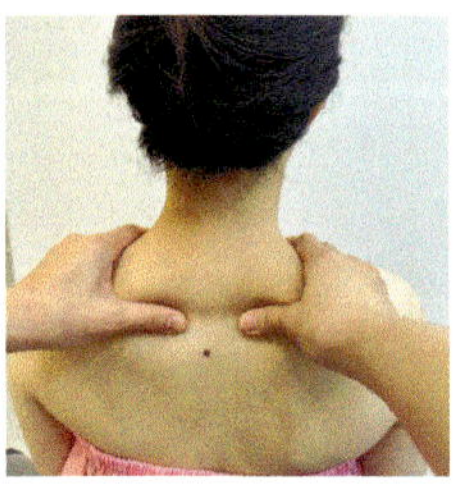
승모근 양손으로 잡아주기

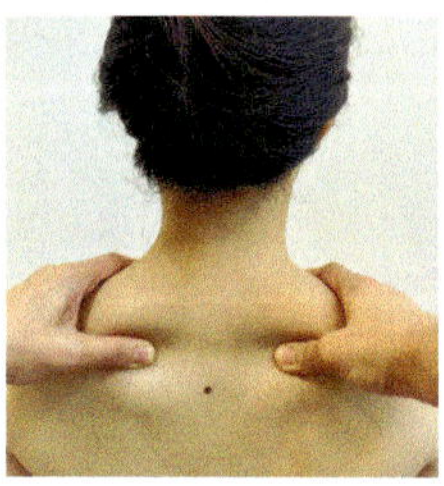
엄지로 쓸어주기

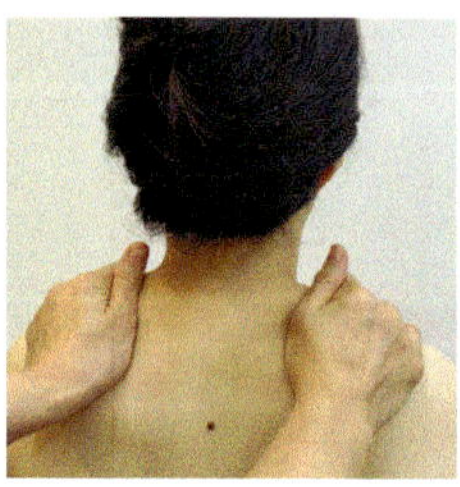
승모근 주무르기

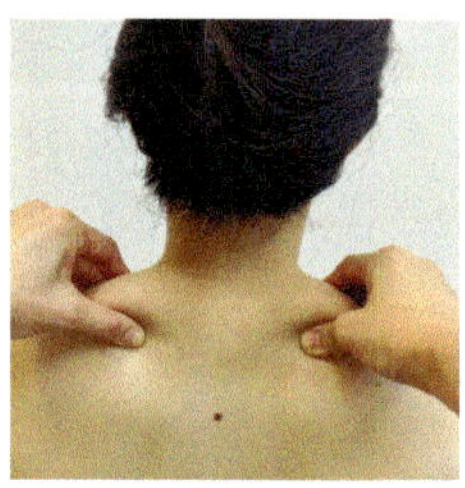
당기면서 집어주기

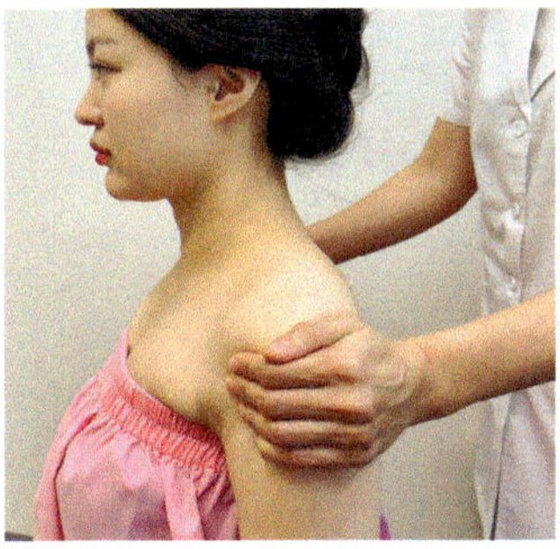

삼각근 잡아주기

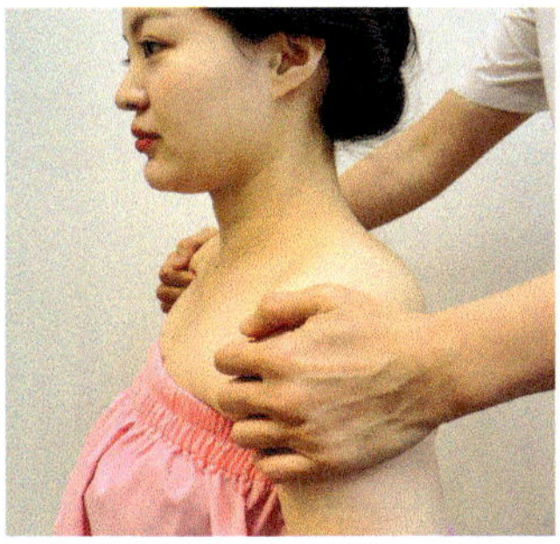

삼각근 주무르기

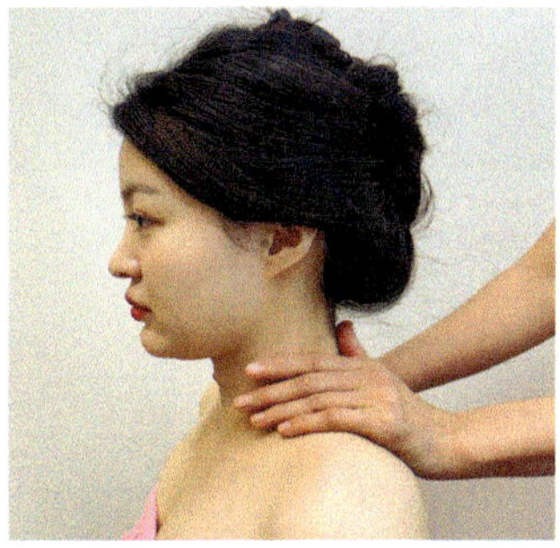

승모에서 삼각근까지 쓸어주기

④ 두피 근육 활성화 스트레칭

양손으로 이마를 가볍게 누르며, 눈썹을 최대한 발제 부위쪽으로 당긴다.
5초간 유지한 후 천천히 힘을 뺀다.
5회 반복하여 이마와 두피 근육을 활성화시킨다.

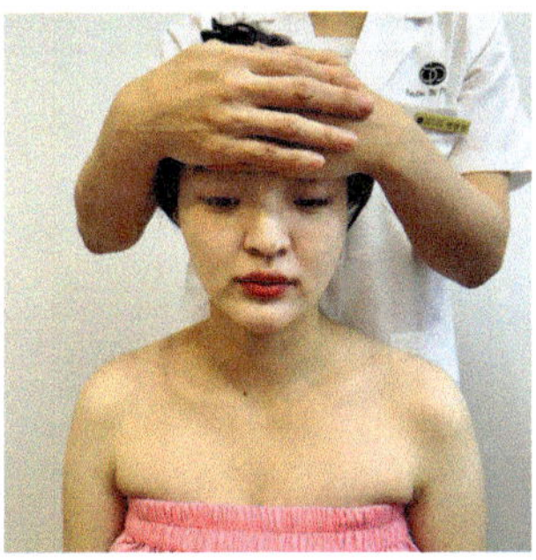

양손 이마누르기

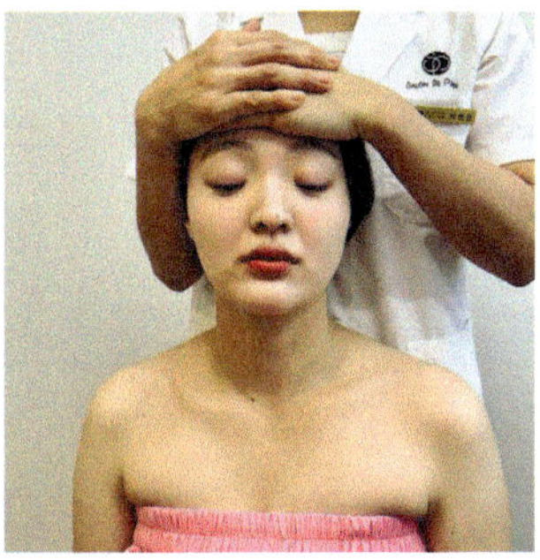

눈썹을 발제부위로 당기기

■ 스트레칭 시 유의사항

동작은 부드럽고 천천히 진행하며 과도한 압력을 피한다.
고객에게 통증이 느껴지지 않도록 주의하며, 자세 교정이 필요하면 즉시 안내한다.
스트레칭 시간은 전체적으로 5분 정도가 적당하다.

3.2 두피 주요 혈점관리

두피 마사지에서 주요 혈점은 혈액순환을 촉진하고 긴장을 완화하며 두피와 전신 건강에 도움을 줄 수 있는 지점이다.

1) 주요 혈점과 위치

① 백회 (百會)

- 위치 : 머리 정중앙, 양쪽 귀를 연결한 선과 코끝에서 뒤로 이어지는 선이 만나는 지점.
- 효능 및 효과 :두피 혈액순환 개선, 스트레스 해소 및 정신적 안정. 탈모 예방 및 두통 완화.

② 풍지 (風池)

- 위치 : 목 뒤쪽, 두개골과 목이 만나는 지점의 움푹 들어간 곳. 귀 뒤쪽으로 손가락을 이동하면 만져짐.
- 효능 및 효과 : 목과 어깨의 긴장 완화, 피로 해소 및 숙면 유도, 두통과 어지럼증 완화.

③ 아문 (啞門)

- 위치 : 목 뒤쪽, 척추의 첫 번째 뼈와 두개골 사이 오목한 부위.
- 효능 및 효과 : 혈류 개선과 뇌로의 산소 공급 촉진, 신경 안정 및 긴장 완화, 두피 트러블 예방.

④ 신정 (神庭)

- 위치 : 이마 정중앙, 헤어라인 바로 위쪽.
- 효능 및 효과 : 전두부 혈액순환 개선, 집중력 향상 및 정신 피로 해소, 얼굴 피부 탄력 개선.

⑤ 사신총(四神聰)

- 위치 : 백회혈(百會穴)을 중심으로 동서남북 1촌씩 떨어진 위치
- 효능 및 효과 : 뇌의 혈액순환을 개선하여 기억력, 사고력, 집중력을 높이는 데 도움, 두통, 불면증, 우울증 등 정신적 피로 해소, 두피의 모세혈관을 자극하여 모낭과 모근으로 영양 공급을 촉진. 탈모 예방 및 모발 성장 촉진. 두피 열감을 해소하고 염증을 완화. 피지 조절 및 두피 환경 개선.

⑥ 천주 (天柱)

- 위치 : 목 뒤쪽, 두개골 아래에서 양쪽으로 약간 벌어진 두 움푹 들어간 곳.
- 효능 및 효과 : 목과 어깨의 뻐근함 완화, 두통, 피로 해소, 혈액순환 촉진 및 면역력 강화.

각 혈점의 위치 그림

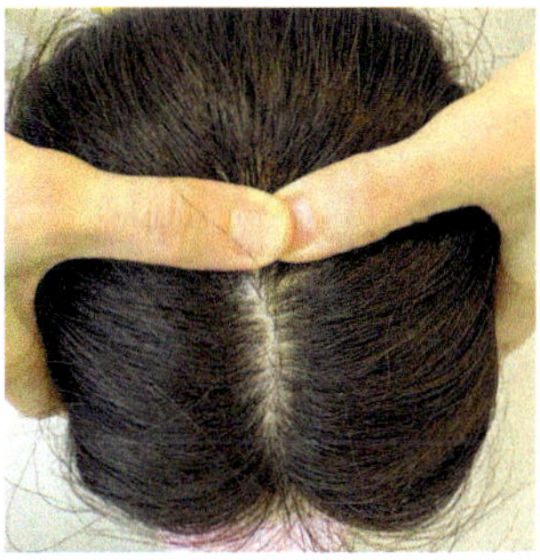

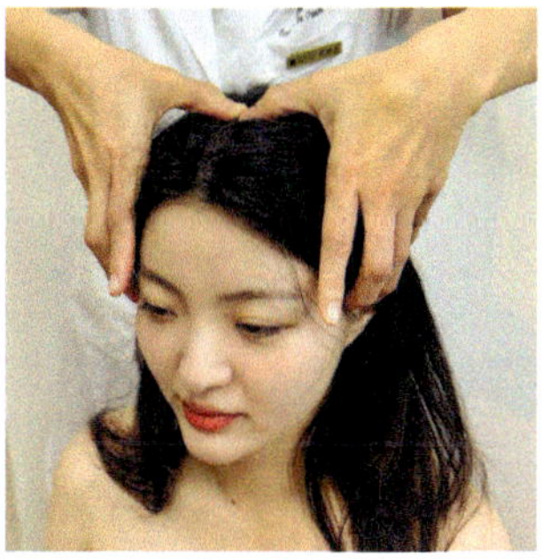

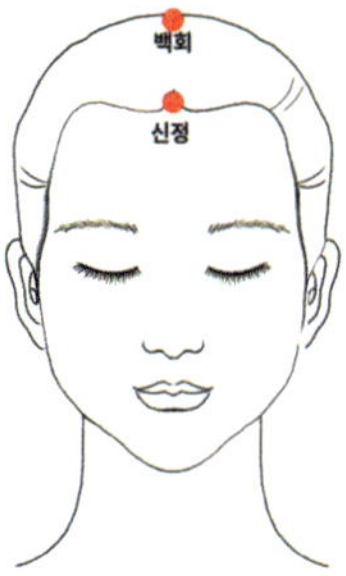

백회

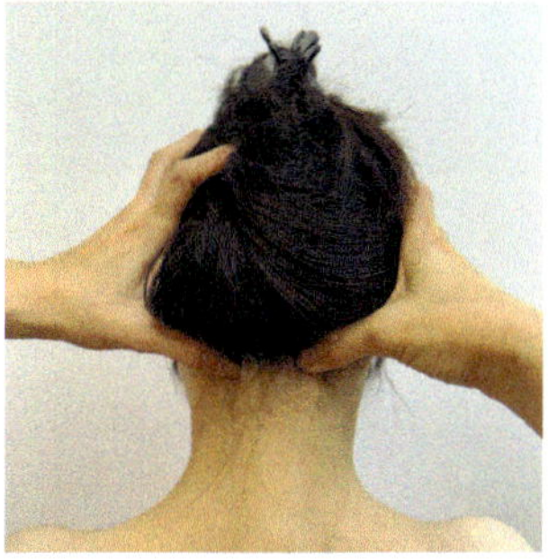

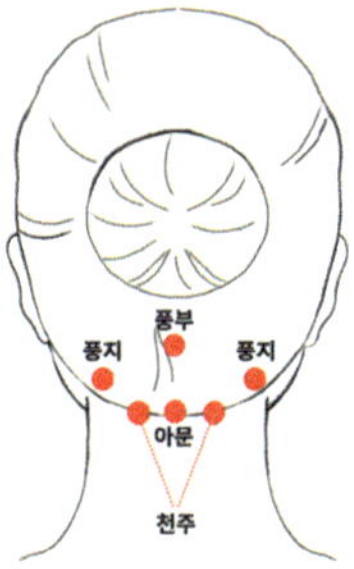

풍지

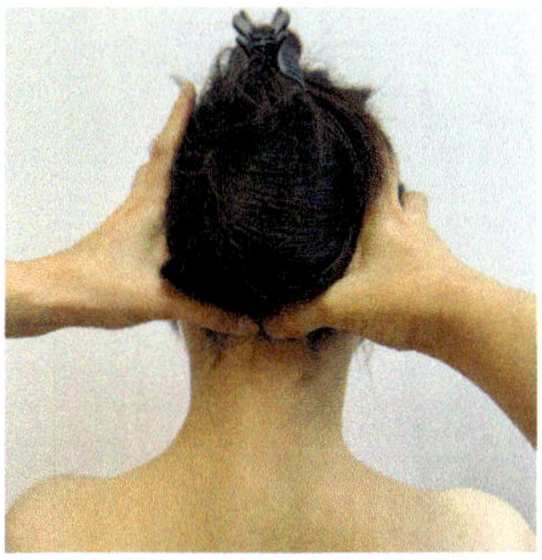

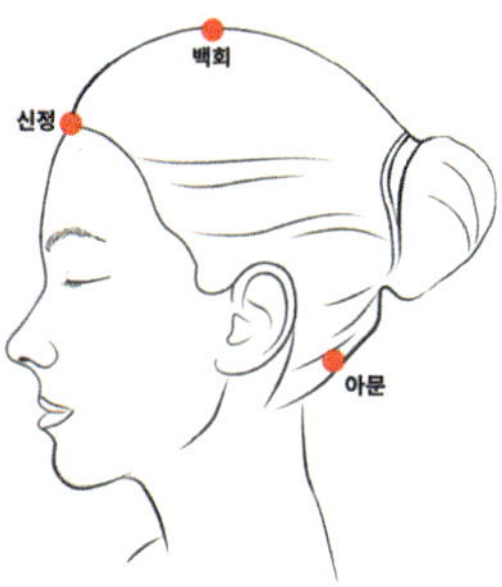

아문

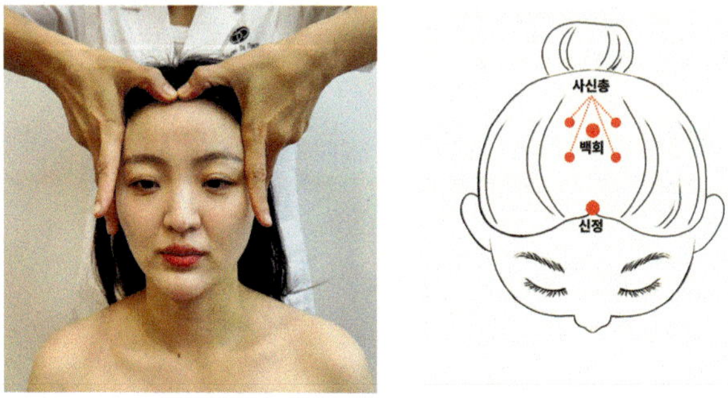

신정

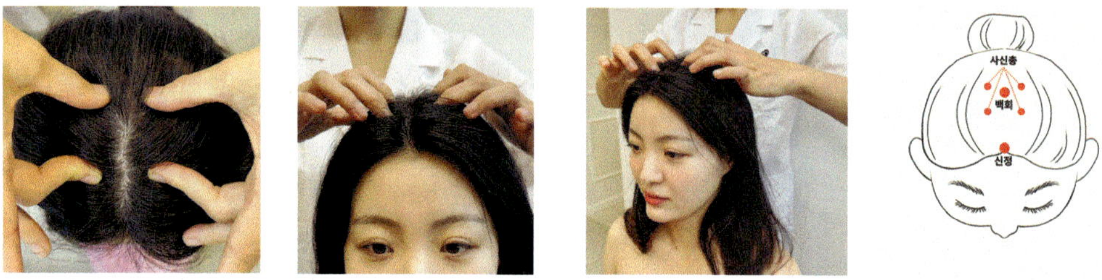

사신총

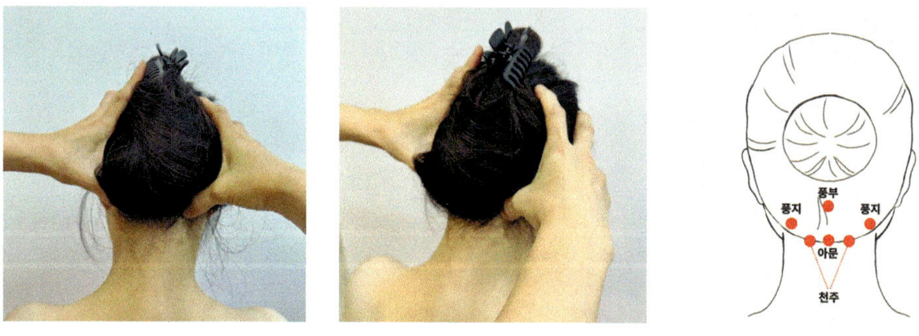

천주

2) 혈점 지압 방법과 효과

① 지압 방법

- 손가락 끝 사용: 엄지나 검지 손가락 끝으로 혈점을 부드럽게 누른다.
- 지속 시간: 각 혈점을 5~10초간 가볍게 누르거나 작은 원을 그리며 지압한다.
- 강도 조절: 고객이 편안함을 느낄 정도의 압력을 유지한다.

② **호흡 조화**: 고객에게 깊고 천천히 호흡하도록 유도하여 긴장 해소를 돕는다.

③ **효과적인 혈점 조합**

- 두통 완화: 백회 + 풍지 + 천주.
- 탈모 예방: 백회 + 사신총 + 신정.
- 스트레스 해소: 백회 + 풍지 + 아문.
- 목과 어깨 긴장 완화: 풍지 + 천주.

3) 혈점 지압 시 주의사항

① 과도한 압력을 피하고 부드럽게 지압한다.

② 피부 트러블이나 상처가 있는 경우 해당 부위는 피한다.

③ 고객에게 통증 여부를 확인하며 진행한다.

④ 한 지점을 너무 오래 지압하지 않으며, 한번에 약 5분 이내로 진행한다.

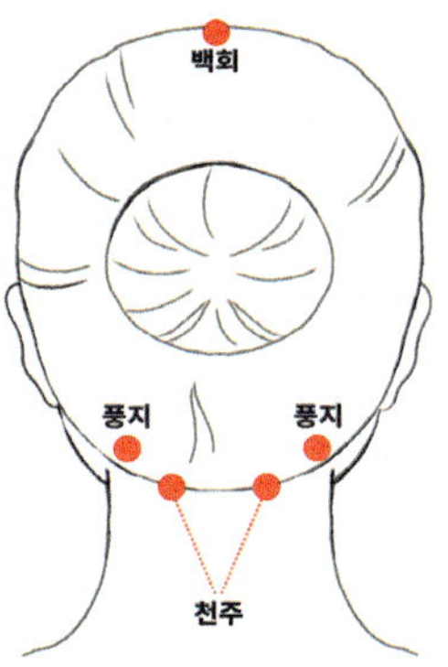

두통완화혈점: 백회 + 풍지 + 천주

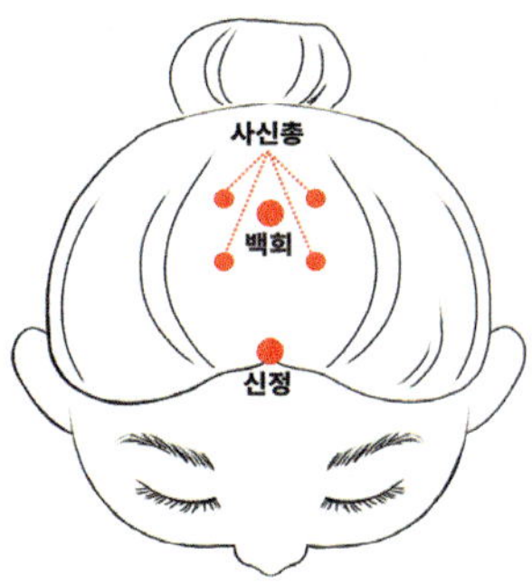

탈모예방혈점: 백회 + 사신총 +신정

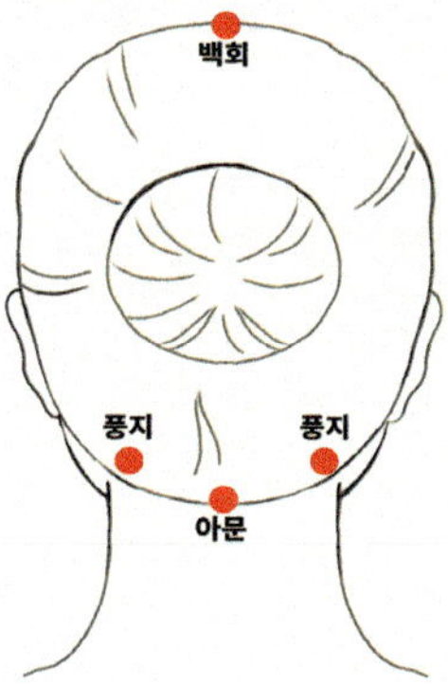

스트레스혈점: 백회 + 풍지 + 아문

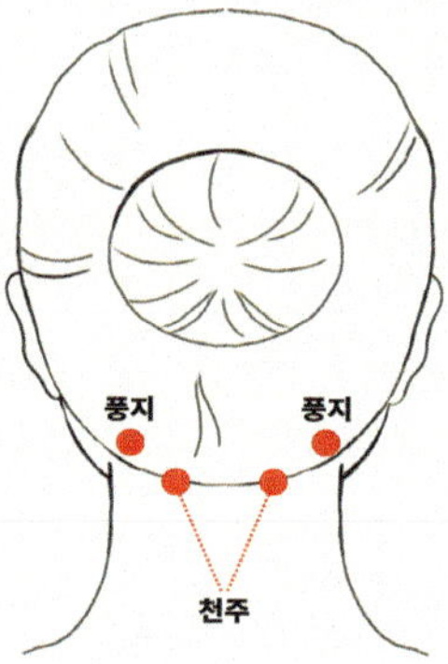

긴장완화혈점: 풍지 + 천주

3.3 두피 각질 관리

1) 두피 스켈링

① 스켈링의 목적

두피의 노폐물과 각질을 세정하는 것으로 피부톤과 모공의 각질을 제거하여 두피 관리 제품 침투를 도와 효과를 높이는 역할을 한다. 비듬성 두피와 지성 두피의 경우 환경적 오염과 피지의 산화로 인해 미생물의 번식이 쉽고 염증으로 증세가 악화되는 상황을 예방 하는 것이 두피 스켈링이며, 두피를 정상 상태로 되돌리기 위한 1차적인 관리 방법이다.

② 스켈링의 성분

멘톨이나 페퍼민트 같은 시원한 느낌의 성분과 캄파 살리실산, 아로마오일 등이 있으며 제조 회사별로 성분은 조금씩 다르나 노화된 각질을 녹여 탈락시키고 새로운 피부가 재생 될 수 있도록 돕는 역할을 한다.

스켈링제 종류로는 농도에 따라 액상, 로션, 크림타입으로 나눌 수 있으며 오염 정도가 심할수록 그 농도가 진해진다. 각 두피 타입별 도포 방법도 달라진다.

③ 스켈링 시 사용되는 도구

스틱면봉, 압축 솜, 스포이드, 유리볼, 비이커, 분무기 등

④ 스켈링 시술 전 주의사항

- 시술 도구는 소독하여 준비한다.
- 꼬리빗을 사용하여 정확한 섹션을 나눈다.
- 도포 시 모발이 엉키지 않게 주의한다.
- 크림타입의 경우 충분히 유화한 뒤 헹구어 낸다.
- 모발 정리 시 고객의 얼굴에 제품이나 모발에 흐르지 않도록 주의한다.
- 제품별 사용법을 숙지한다.

스켈링 스틱 만드는 방법

스틱, 거즈 물준비

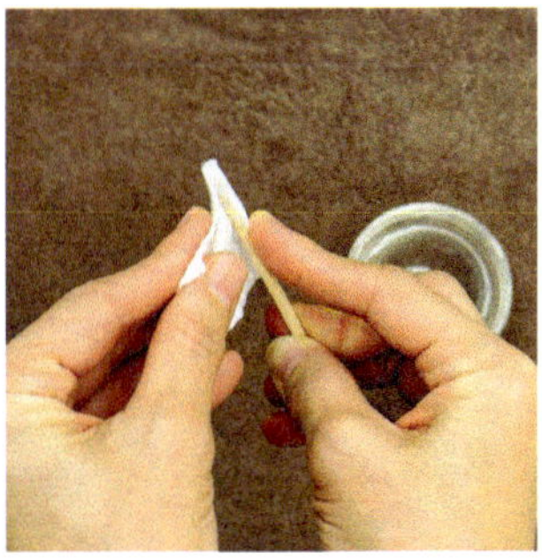
거즈 끝에 물 적시기

적신 거즈 끝부터 말아줌

⑤ 스켈링 시술방법

(1) 스켈링 전 모발 브러싱

브러시를 이용하여 모발과 두피의 먼지 및 이물질을 제거하고, 긴 모발의 경우 끝부분부터 정리하여 모발이 엉키지 않도록 한다.

모류의 반대 방향에서 백회 부분 방향으로 모아주듯이 브러싱을 한다.(혈행 개선 도움). 이때 천연 소재의 빗을 사용한다.

본격적인 관리의 시작으로 두피 모발용 지압 브러시로 사용하여 관리를 시작한다는 신호 개념과 두피를 자극함으로써 혈액순환을 촉진하고 스켈링 전 피지 배출을 유도한다.

네이프 부위의 모발을 좌우로
나누어 백회 부위로 브러싱 한다.

좌측 측두부의 모발을
백회 부의로 브러싱 한다.

우측 측두부의 모발을 백회 부위로 브러싱 한다.

전면에서부터 백회 부위로 브러싱 한다.

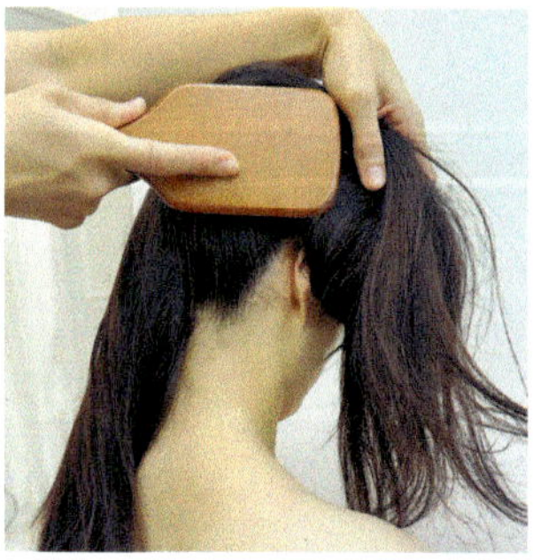

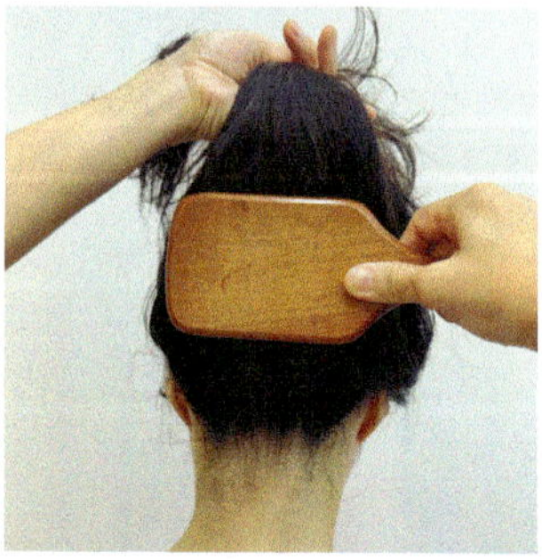

후두부에서 백회 부위로 브러싱 한다.

(2) 모발을 4등분 또는 5등분으로 나누어 정리한다(긴 모발이나 필요에 따라 핀셋을 이용한다).

(3) 전두부의 센터라인부터 스켈링 면봉을 두피와 밀착시켜 앞에서 뒤로 밀어가며 스켈링제를 도포한다.

(4) 모발을 정리하여 슬라이스 1~2㎝ 간격으로 도포한다. 스켈링제의 농도와 두피의 상태에 따라 시술 방법을 숙지하고 모발에 닿지 않도록 한다.

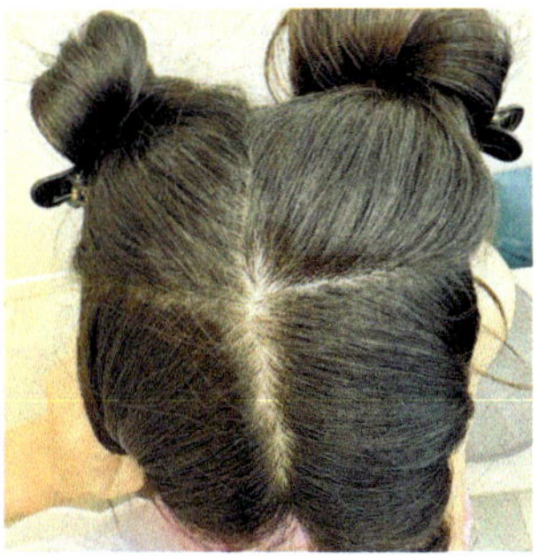

두피 스켈링-2

두피 스켈링-3

두피 스켈링-4

(5) 전두부-측두부-후두부 순서로 도포한다.

(6) 전두부 부분을 크로스(세로 섹션)해서 도포가 안된 부분을 체크하고 다시 한번 도포한다.

(7) 헤어라인과 네이프 라인까지 꼼꼼하게 마무리한다.

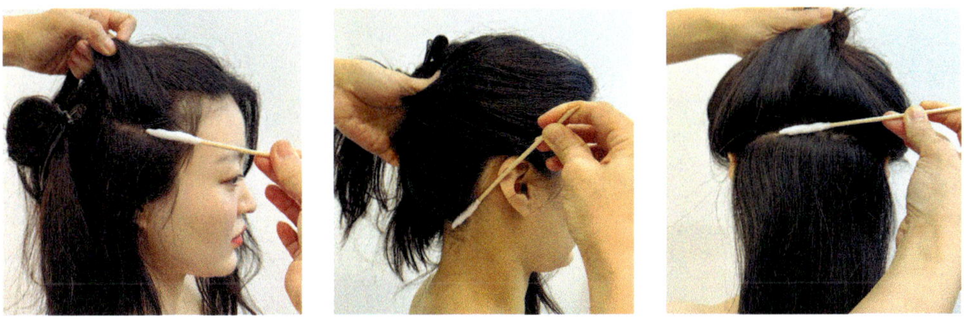

두피 스켈링

(8) 각질 연화를 위해 스티머를 사용한다.

헤어스티머 사용 시 두피에 타입에 따라 다르게 적용된다.

- 예민성 두피: 약 40도, 시간은 약 7~8분 정도 적용(두피 상태에 따라 다를 수 있음)
- 비듬성 두피: 약 45도, 시간은 약 15분 정도 적용(두피 상태에 따라 다를 수 있음)
- 기타 두피: 약 45도, 시간은 약 10분 정도 적용(두피 상태에 따라 다를 수 있음)

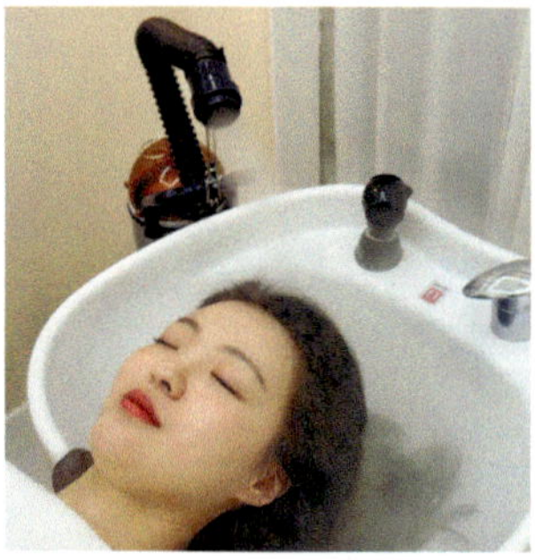

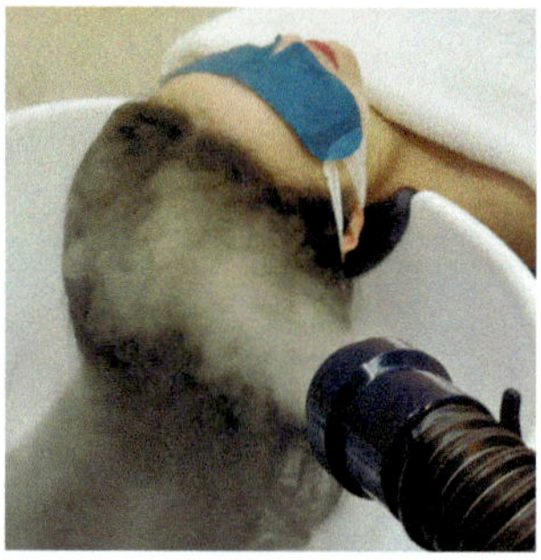

스티머

3.4 샴푸

1) 샴푸 마사지 방법

- 경찰법: 손가락이나 손바닥을 이용하여 가볍게 문지르거나 쓰다듬는 방법
- 강찰법: 손가락이나 손바닥을 이용하여 강하게 문지르는 방법
- 유연법: 집었다 놓았다 하며 주무르고 주무르는 방법
- 진동법: 손바닥의 진동을 이용하여 강하게 흔들어 주는 방법
- 고타법: 손을 계란 모양으로 쥐고 두들기는 방법

지그재그하기	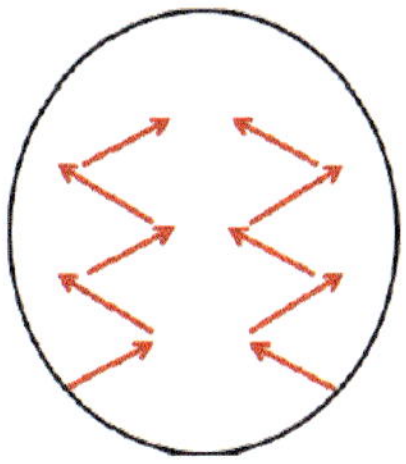	튕겨주기	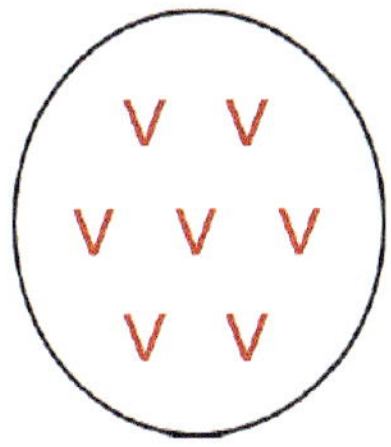
굴려주기	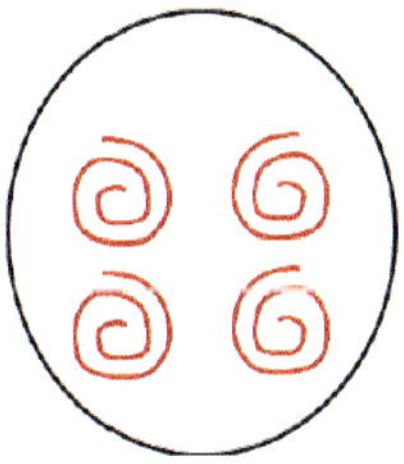	양손교차 사용하기	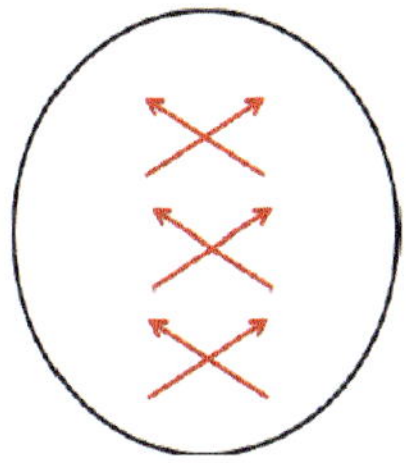

2) 샴푸테크닉

- 지그재그: 손가락을 이용해 두피를 지그재그로 긁어주듯 움직이는 동작
- 굴려주기: 손가락을 이용해 두피를 둥글게 굴려 비벼주듯 움직이는 동작
- 튕겨주기: 손가락을 이용해 두피를 집어 주듯 튕기는 동작
- 양손교차 사용하기: 두 손을 번갈아 손가락 사이에서 교차하는 동작

3) 와식샴푸

- 고객이 샴푸 의자에 앉아 샴푸도기에 머리를 두고 누운 상태로 시술하는 방법으로 가장 많이 행해지는 샴푸법

- 와식샴푸 시술방법
  - 자리를 안내하고 고객이 불편하지 않도록 안내함
  - 먼저 손목 안쪽에 물을 분사하여 온도 체크를 해 적합한 온도를 맞춤
  - 샤워기 헤드를 밀착시켜 F.S.P부터 후두부, 목덜미쪽 두피를 적셔 줌
  - 적당량의 샴푸제를 손바닥에 덜어 줌
  - 샴푸제를 두피에 골고루 도포 후 비벼서 거품을 만들어 줌
  - 샴푸동작(매니플레이션)을2~3번 반복 실시함

- 전두부, 측두부, 후두부까지 샤워기 헤드를 밀착시켜 헹굼
- 시술자 손의 거품을 헹굼
- 린스는 모발 끝부분부터 도포함
- 전체 모발 헹굼
- 수건으로 감싸줌

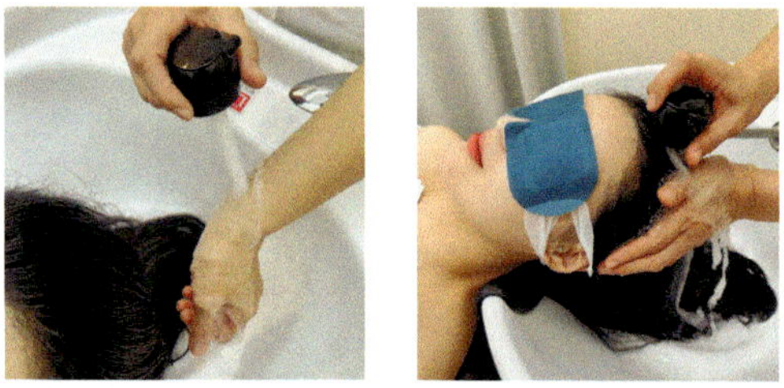

샴푸 단계 1 : 손목에 물온도 체크

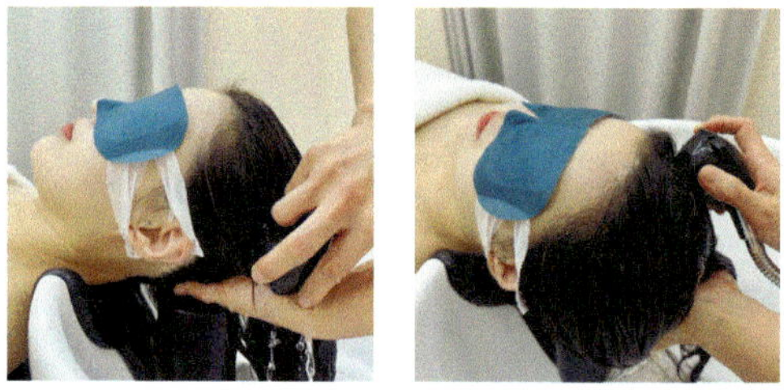

샴푸 단계 2 : 샤워헤드밀착해서 물묻히기

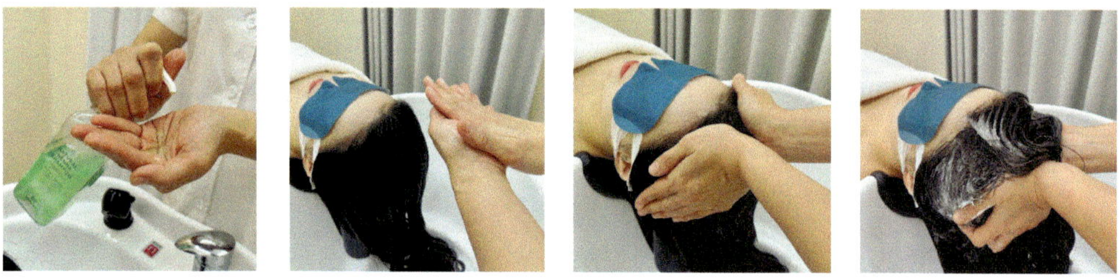

샴푸 단계 3 : 샴푸제를 두피에 골고루 도포

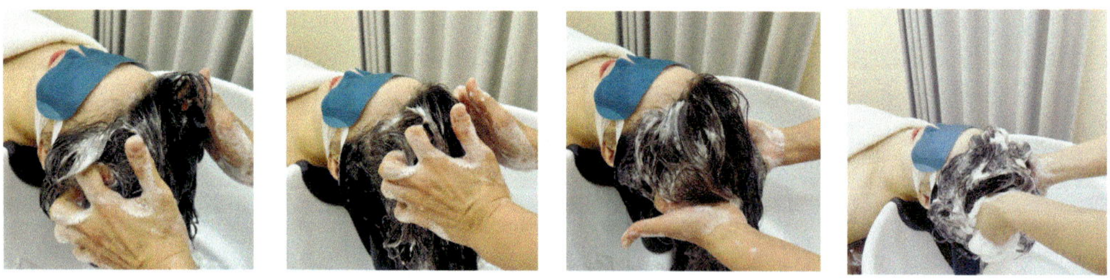

샴푸 단계 4 : 샴푸동작(매니플레이션)

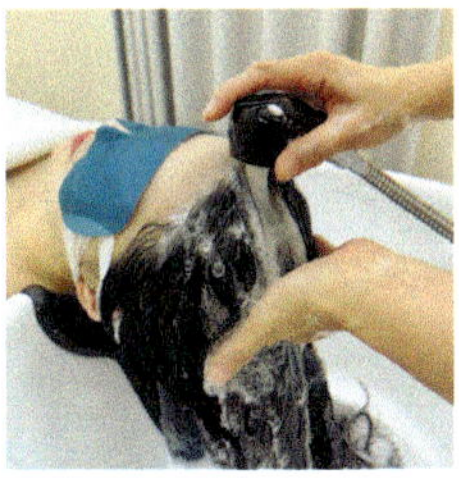

샴푸 단계 5 : 두피에 샤워기 헤드를 밀착시켜 헹굼

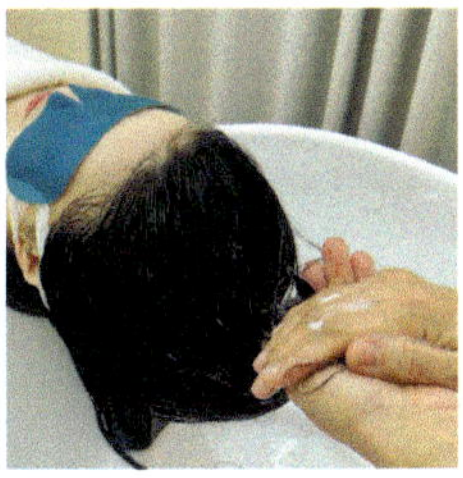

샴푸 단계 6 : 린스를 모발 끝부분 도포

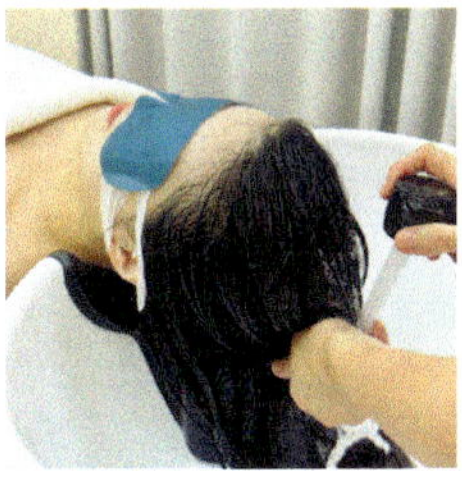

샴푸 단계 7 : 전체 모발 헹굼

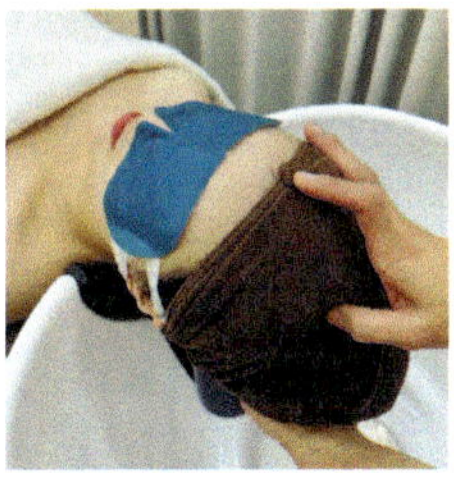

샴푸 단계 8 : 수건으로 감싸줌

※ 시술 전에는 반드시 온도 체크를 하고 고객의 얼굴 · 귀에 물이 들어가지 않도록 주의해야 함

4) 좌식샴푸

- 고객이 의자에 앉아 있는 상태에서 샴푸를 시술하는 방법이며 샴푸제와 소량의 물을 이용하여 시술하는 샴푸법
- 좌식샴푸 시술방법
  - 샴푸제를 적당량 볼에 덜어 물과 1:1 비율로 섞음
  - 분무기로 두피에 물을 적셔 줌
  - 두피 섹션을 나누어 브러시로 샴푸제를 도포함(전두부 → 후두부 방향)
  - 손가락 지문을 이용하여 거품을 만듦
  - 샴푸제를 두피에 골고루 도포 후 비벼서 거품을 만들어 줌
  - 샴푸동작(매니플레이션)을 2~3번 반복 실시함
  - 샴푸대로 고객을 안내함
  - 손목 안쪽에 물을 분사하여 온도 체크를 하여 적합한 온도를 맞춤
  - 시술자 손의 거품을 헹굼
  - 전두부, 측두부, 후두부까지 샤워기 헤드를 밀착시켜 헹굼
  - 린스는 모발 끝부분부터 도포함
  - 전체 모발 헹굼
  - 수건으로 감싸줌

3.5 두피 마사지 및 테크닉

두피 마사지는 두피의 건강을 개선하고 스트레스를 완화하며, 탈모 예방과 혈액순환을 돕는 데 효과적이다. 아래는 두피 마사지의 주요 기술과 단계별 테크닉을 상세히 정리한 내용이다.

1) 두피 마사지의 목적과 효과

- 목적: 두피 혈액순환 촉진, 모근 강화, 스트레스 완화, 탈모 예방.
- 효과: 두피 건강 증진 및 혈류 개선, 림프 순환 촉진으로 독소 배출 지원, 모발 성장 촉진과 두피의 유수분 밸런스 조절.

2) 두피 마사지 테크닉

(1) 두피 준비 단계

- 가볍게 두드리기(Tapping): 손끝으로 이마에서 후두부 방향으로 가볍게 두드리며 시작. 긴장을 풀어주고 마사지 효과를 높임.
- 혈점 자극(Pressure Points): 백회, 풍지, 천주 등 주요 혈점을 5~10초간 부드럽게 눌러 혈액순환을 촉진.

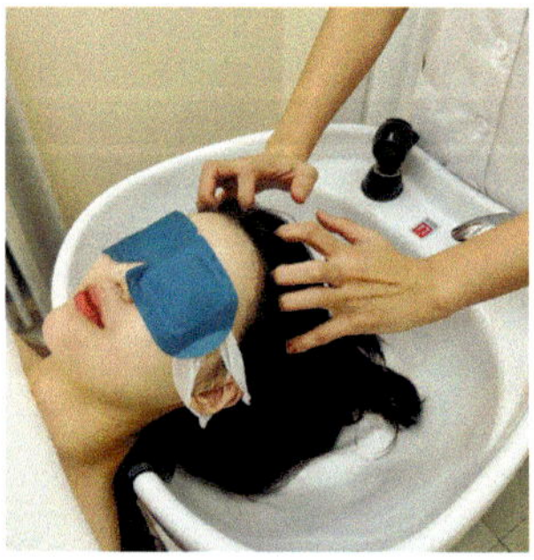
가볍게 두드리기

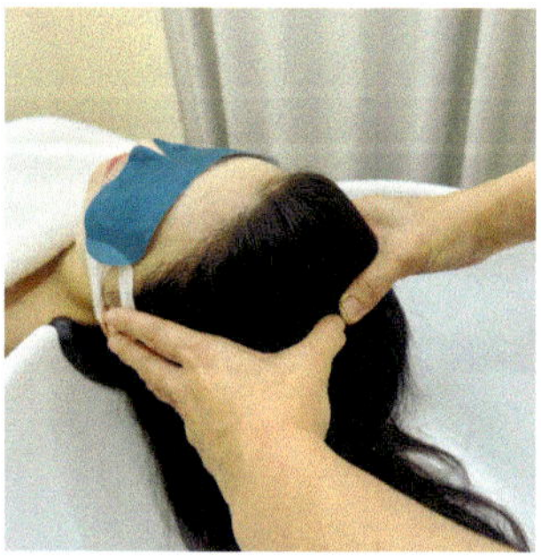
백회 혈점 자극

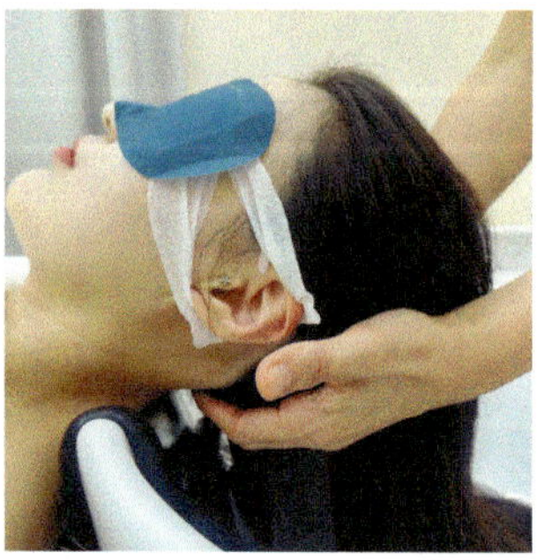
풍지, 천주 혈점 자극

(2) 기본 테크닉

① 원형 마사지 (Circular Massage)

- 방법 : 손가락 끝을 사용하여 두피를 부드럽게 원을 그리며 문지른다. 이마에서 정수리, 그리고 후두부로 이동.
- 지압 강도는 고객의 두피 상태에 따라 조절.
- 효과 : 두피의 긴장 완화, 피지 분비 조절 및 혈액순환 개선.

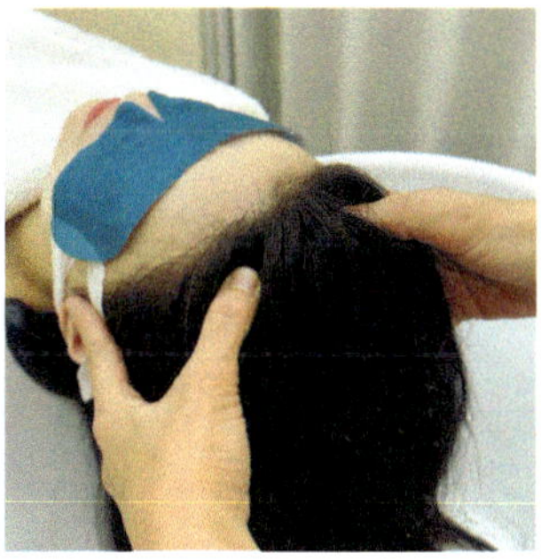
두피 마사지 원형 마사지 1

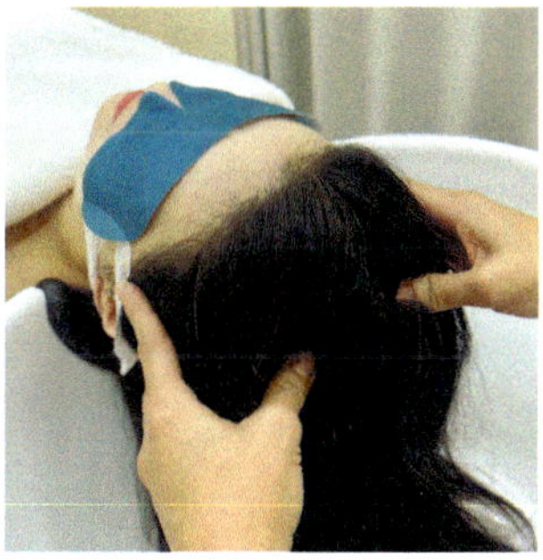
두피 마사지 원형 마사지 2

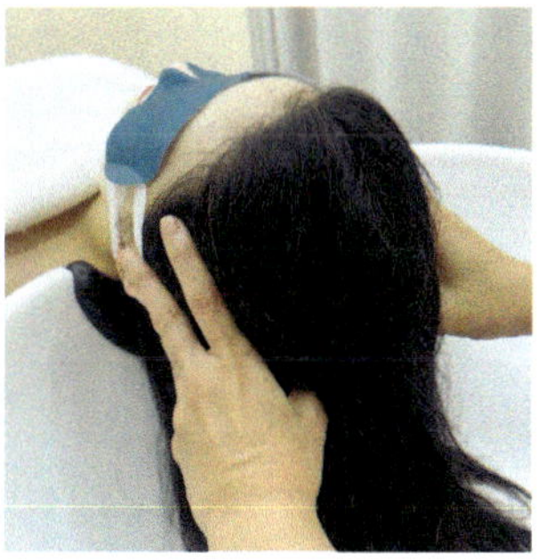
두피 마사지 원형 마사지 3

② 압박 마사지 (Pressure Massage)

- 방법 : 손가락 끝으로 두피를 가볍게 누른다. 백회, 신정, 풍지 등의 주요 혈점을 중심으로 진행.
- 효과 : 혈류 개선과 모근 강화, 스트레스와 긴장 완화.

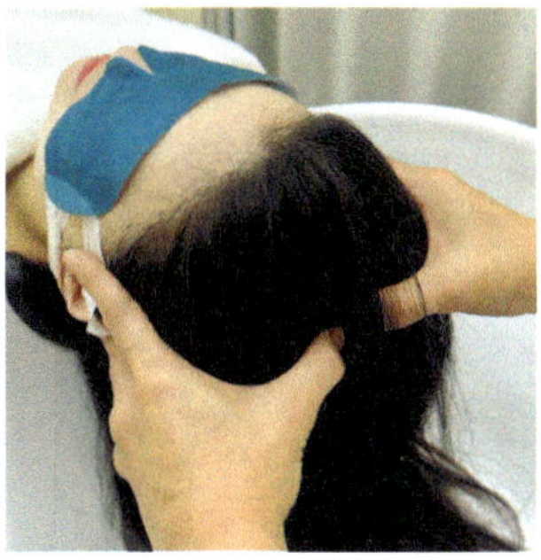
두피 압박마사지1 : 백회

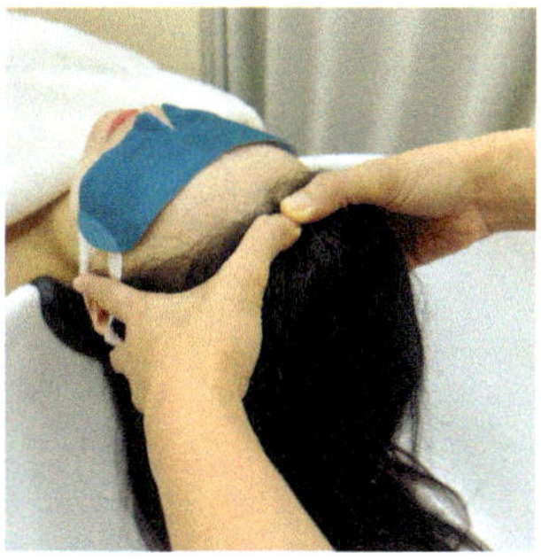
두피 압박마사지 2: 신정

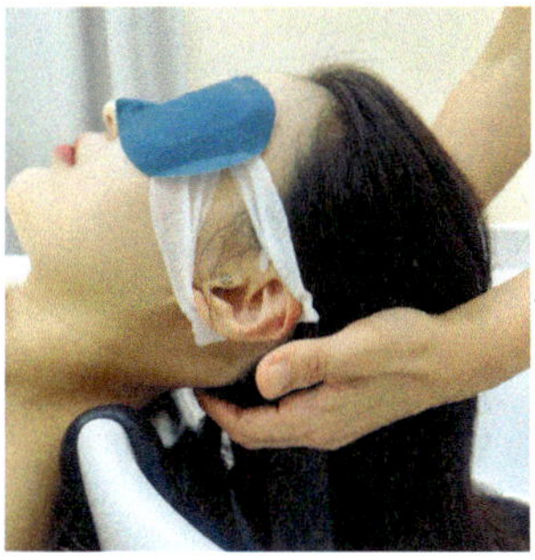
두피 압박마사지 3: 풍지

③ 집게 손 마사지 (Pinching Technique)

- 방법 : 엄지와 검지로 두피를 가볍게 잡아올리며 꼬집는 동작, 이마에서 시작해 정수리와 후두부까지 이동
- 효과 : 두피 유연성 향상, 림프 순환 촉진.

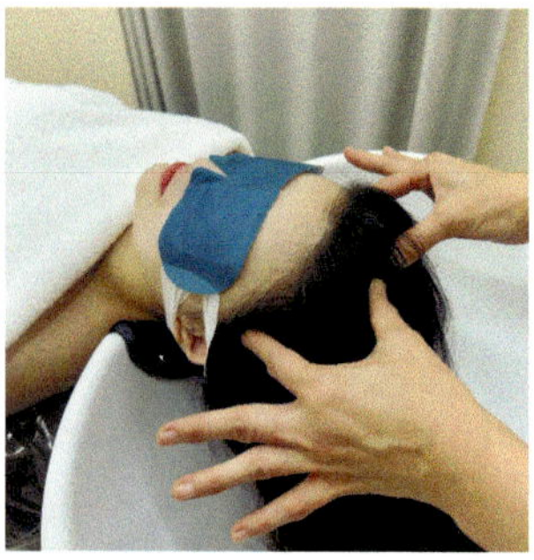
두피 집게 마사지 사진 1

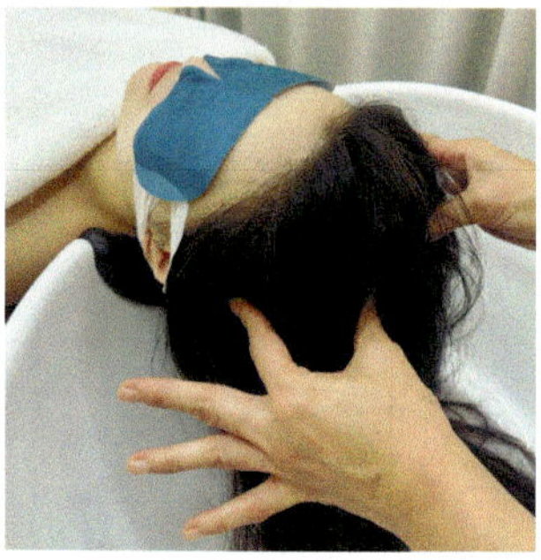
두피 집게 마사지 사진 2

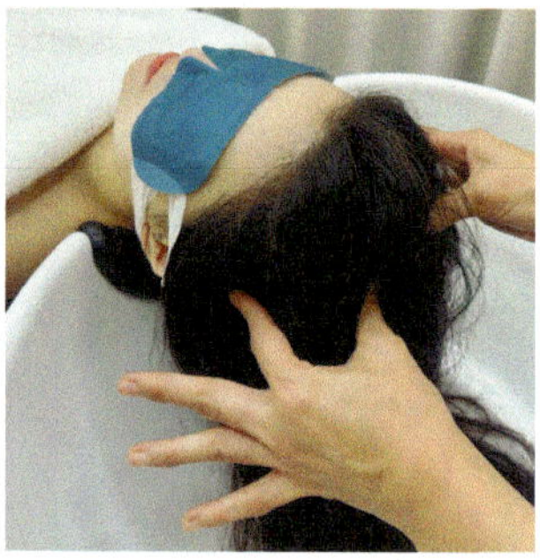
두피 집게 마사지 사진 3

④ 가로 밀기 (Horizontal Sliding)

- 방법 : 손바닥이나 손끝으로 두피를 좌우로 부드럽게 미는 동작, 머리 중앙에서 양쪽 귀 쪽으로 이동.
- 효과 : 두피 긴장 완화, 유분 밸런스 조절.

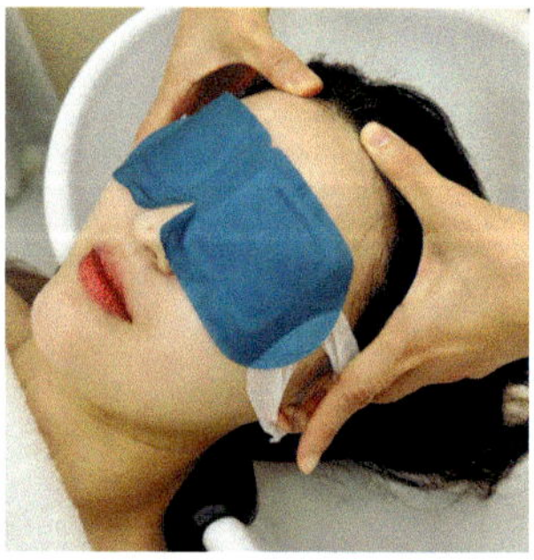
두피 가로 밀기 사진 1

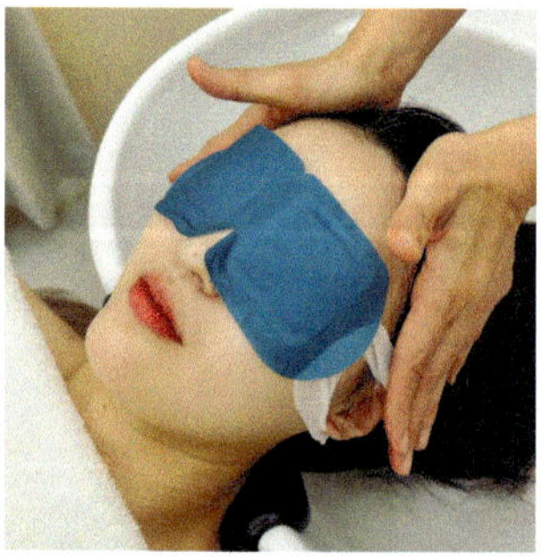
두피 가로 밀기 사진 2

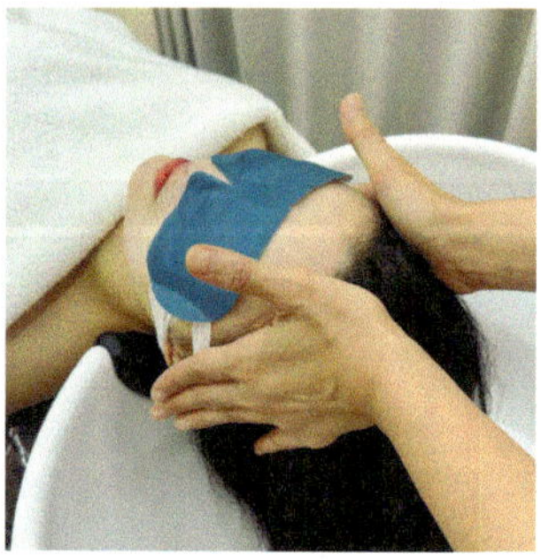
두피 가로 밀기 사진 3

(3) 림프 순환 마사지 (Lymphatic Drainage)

- 방법 : 귀 뒤쪽에서 시작해 목과 어깨로 림프를 부드럽게 밀어준다
- 효과 : 독소 배출 지원, 두피 염증 완화.

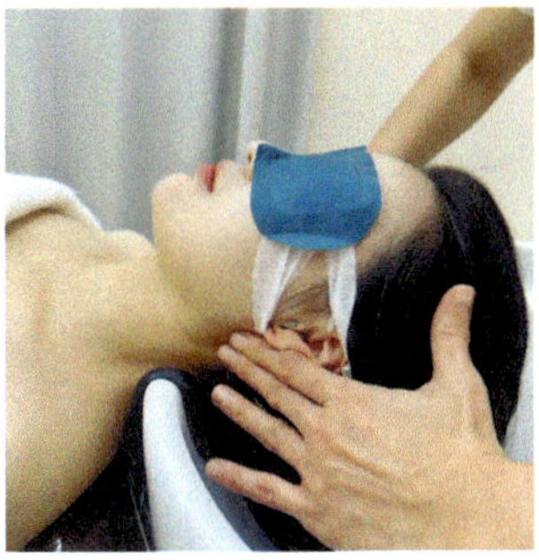

림프 마사지 사진 1

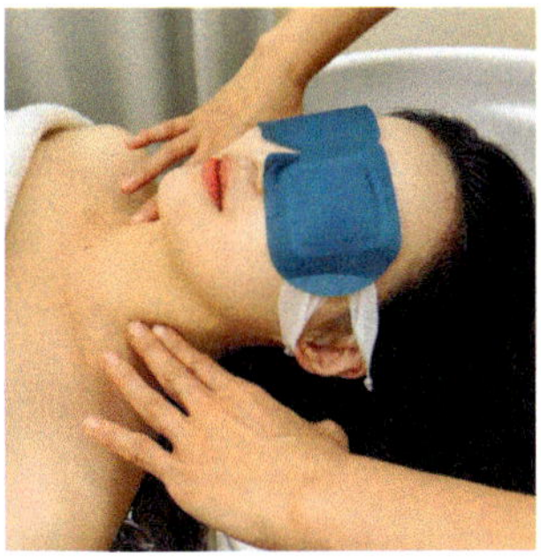

림프 마사지 사진 2

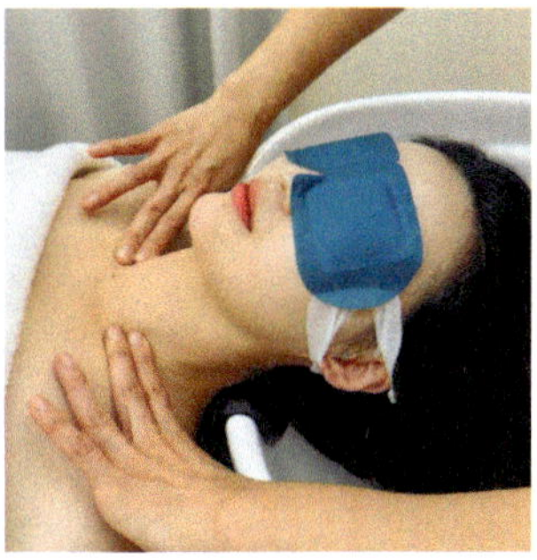

림프 마사지 사진 3

(4) **후두부 마사지**

- 방법 : 후두부 근육과 경추 부위를 엄지로 원을 그리며 문지른다.
- 효과 : 목과 어깨의 긴장 완화, 피로 해소와 숙면 유도.

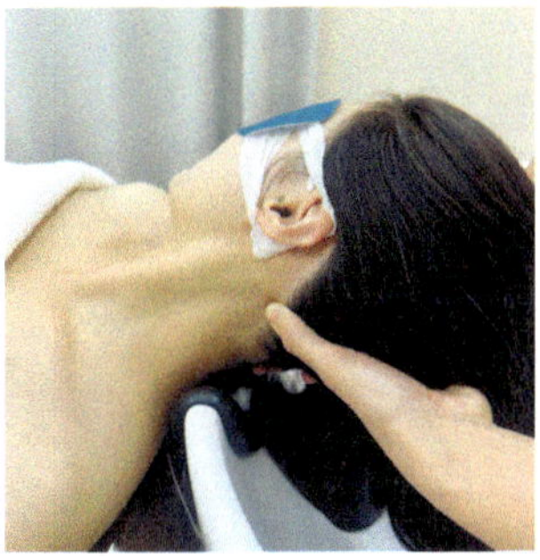

후두부 마사지 사진 1

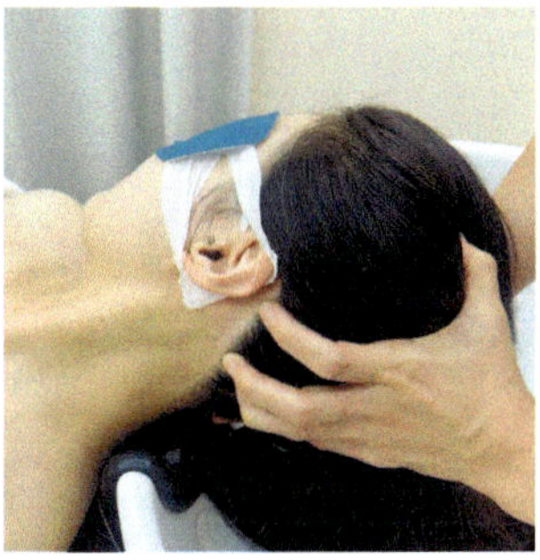

후두부 마사지 사진 2

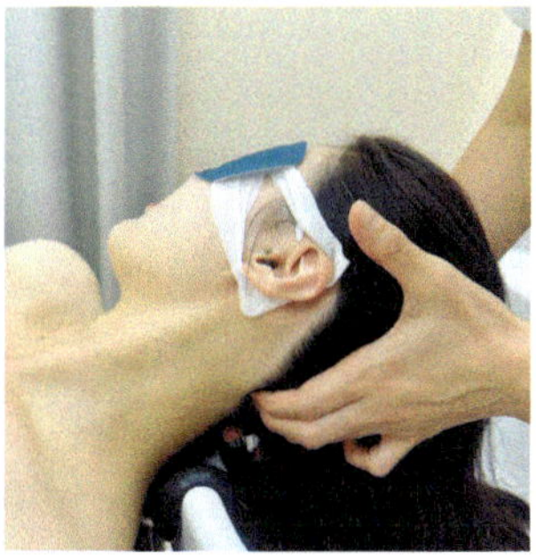

후두부 마사지 사진 3

3) 마사지를 위한 유의점

- 손톱 대신 손가락 끝을 사용해 부드럽게 진행.
- 지나치게 강한 압력을 피하고, 고객의 상태를 지속적으로 확인.
- 두피 상태(염증, 상처 등)를 점검하여 적절히 조정.

3.6 두피 영양 공급 및 트리트먼트 적용

두피 영양공급 및 트리트먼트 적용은 두피의 건강을 유지하고 모발 상태를 개선하기 위한 중요한 과정이다.

1) 두피 영양공급 및 트리트먼트의 필요성

두피는 피지선과 땀샘이 밀집된 부위로, 적절한 영양 공급이 없으면 모발 성장에 영향을 미칠 수 있음.

영양 트리트먼트는 두피의 유수분 균형을 맞추고, 염증 완화 및 모낭 강화에 도움을 줌.

다양한 두피 타입에 맞춘 트리트먼트 적용이 필요함 (예: 건성, 지성, 민감성 두피).

2) 제품 선택 : 두피 상태에 따라 적절한 트리트먼트 제품을 선택.

- 건성 두피 : 보습 및 영양을 위한 제품 (알로에 베라, 히알루론산 함유).
- 지성 두피 : 피지 조절 성분이 포함된 트리트먼트 (티트리 오일, 녹차 추출물).
- 민감성 두피 : 항염 및 진정 효과가 있는 제품 (카모마일, 판테놀 함유)

3) 스티머 및 온열 적용 (선택 사항)

- 목적 : 트리트먼트 성분의 흡수율을 극대화.
- 방법 : 스티머 기기를 사용하거나 온수에 적신 타월로 두피를 덮은 후 10~15분 유지.

4) 헹굼 및 마무리

- 헹굼 : 미온수로 트리트먼트를 깨끗이 헹구되, 두피를 손끝으로 부드럽게 문질러 잔여물 제거.

5) 두피 트리트먼트의 효과

- 즉각 효과 : 두피 진정, 건조함 완화, 청량감 제공.
- 장기 효과 : 모발 성장 촉진, 모낭 강화, 염증 완화 및 탈모 예방.

6) 유의 사항

- 트리트먼트는 주 1~2회, 두피 상태에 따라 빈도를 조절.
- 두피 상태가 민감하거나 알레르기 반응이 있을 경우, 패치 테스트 후 사용.

3.7 두피 앰플 및 토닉 사용

샴푸 및 두피 마사지의 모든 관리를 마친 후, 타올로 물기를 제거하거나 저온 바람으로 두피를 건조시킨 후 시행한다.

(1) 두피 앰플(Scalp Ampoule)

두피와 모근에 고농축의 영양과 활성 성분을 직접 공급하는 전문적인 관리 제품이다. 주로 두피 건강을 회복하거나 강화하는 데 초점을 맞추며, 탈모 완화, 모발 성장 촉진, 두피 재생 등의 효과를 기대할 수 있다.

1) 두피 앰플의 주요 특징

① 고농축 성분

일반적인 토닉이나 에센스보다 유효 성분의 농도가 높아, 빠르고 효과적인 두피 관리가 가능.

비오틴, 펩타이드, 카페인, 식물성 추출물 등이 함유.

② 특정 두피 문제 해결

탈모 초기 증상 완화, 민감성 두피 개선, 두피 각질 제거 등 특정 문제를 목표로 설계.

두피의 재생력과 모낭 세포 활성화를 지원.

③ 집중 관리용 제품

두피 상태가 악화되었거나 집중적인 관리가 필요한 경우에 사용.

두피 관리를 위한 전문가 시술 또는 홈케어 과정에 적합.

2) 두피 앰플의 주요 기능

- 두피 회복 및 재생 : 손상된 두피 환경 복원.
- 모발 성장 촉진 : 모낭을 활성화하여 모발 생장 촉진.

- 영양 공급 : 모근과 두피에 필요한 필수 영양소 제공.
- 두피 진정 및 보호 : 염증 완화와 동시에 외부 자극으로부터 두피를 보호.

3) 사용 대상

- 탈모가 진행 중이거나 예방이 필요한 사람.
- 두피가 건조하거나 손상된 상태인 경우.
- 집중적인 두피 개선 및 관리가 필요한 사람.
- 지성두피용 앰플 : 과도한 피지 분비 조절 및 완화
- 탈모두피용 앰플 : 모근 영양공급, 모발성장
- 비듬두피용 앰플 : 비듬균 및 각질 조절완화

두피 앰플은 단기간에 눈에 띄는 변화를 위해 사용하는 고기능성 제품으로, 두피 상태에 따라 정기적 혹은 간헐적으로 사용하는 것이 효과적이다.

(2) 두피 앰플 테크닉

① 이마라인에서 정수리까지 가르마를 타 중심선을 설정
② 좌우 대칭으로 나누어 총 4~6개의 섹션 형성
③ 스포이드나 앰플전용 롤러를 사요하여 소량씩 흡수
④ 두피 상태에 따라 특정부위(탈모심한 부위, 염증, 각질부위)에 추가 도포
⑤ 저온 바람으로 두피를 완전히 건조시켜 흡수된 앰플을 안정화, 필요시 진정용 토닉을 가볍게 뿌려서 마무리

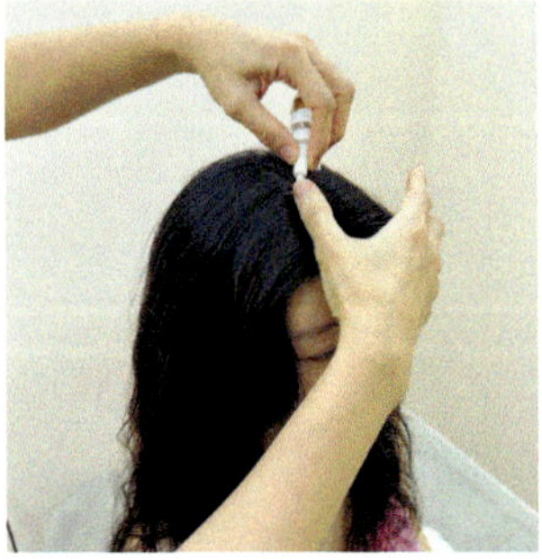
두피 앰플바르기 1

두피 앰플바르기 2

두피 앰플바르기 3

(3) 두피 토닉

두피 토닉은 모근에 풍부한 영양공급과 두피의 혈액순환을 촉진시켜 건강한 두피와 모발로 회복시켜 주는 제품이다. 두피의 기혈을 순환시키고 신진대사를 활성화시키며, 두피에 열을 내리는 등 청량감을 주어 가려움증 개선에 효과적이다.

탈모 예방을 돕기 위해 설계된 액상 제품으로 주로 두피의 혈액순환을 촉진하고, 유분과 수분 밸런스를 조절하며, 모근과 모낭에 영양을 공급하는 역할을 한다.

1) 두피 토닉의 주요 기능

① 두피 진정

외부 자극이나 과도한 피지 분비로 민감해진 두피를 진정시킴.

염증을 완화하고 가려움을 줄이는 효과.

② 혈액순환 촉진

두피 모세혈관의 혈류를 활성화하여 모근에 영양 공급을 원활히 함.

카페인, 로즈마리, 멘톨 등이 대표적인 순환 촉진 성분.

③ 탈모 예방 및 모근 강화

비오틴, 아미노산 등 모발 성장에 필요한 영양소를 공급하여 모근과 모낭을 강화.

탈모의 원인이 되는 두피 환경을 개선.

④ 두피 밸런스 조절

피지 분비를 조절하고, 두피를 산뜻하게 유지.

과도한 유분 제거와 동시에 보습 효과를 제공.

2) 사용대상

탈모 초기 증상이 있는 사람.

두피 트러블(가려움, 각질 등)이 있는 사람.

머리카락이 얇고 힘이 없는 경우.

두피 청결 유지와 예방 관리를 원하는 사람.

두피 토닉은 단순히 모발이 아닌 두피 건강 관리를 하는 제품으로, 탈모 관리뿐만 아니라 예방과 유지 관리 측면에서 매우 중요한 역할을 한다.

두피 토닉 바르기 1

두피 토닉 바르기 2

두피 토닉 바르기 3

3. 관리 후 체크리스트

1) 고객 반응 확인

관리 후 고객이 느끼는 두피 상태 변화(청량감, 자극 여부 등)를 기록.

불편함이 있었던 부분에 대한 즉각적인 피드백 수집.

2) 관리 효과 점검

각질, 피지 감소 여부 확인.

트리트먼트 제품 흡수 후 두피 탄력 변화 관찰.

3) 홈케어 추천

고객의 두피 상태에 적합한 샴푸, 트리트먼트 또는 두피 토닉 추천.

다음 관리 일정과 고객의 일상 습관 개선 방안을 논의.

08

두피상담과 창업

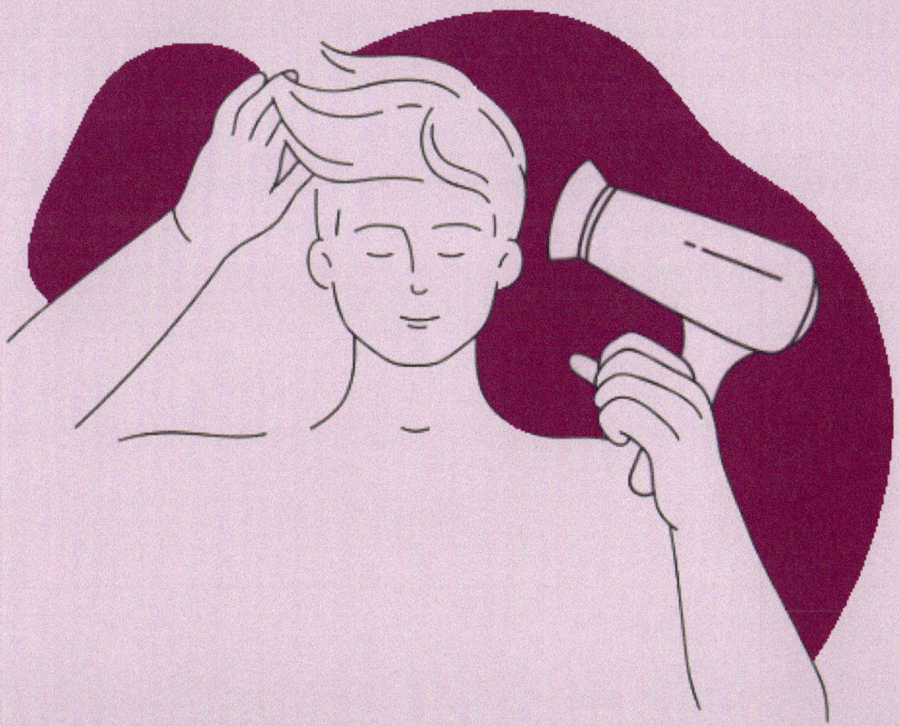

두피상담

두피상담은 고객의 두피 및 모발 문제에 대한 전문적인 도움을 제공하는 프로세스로, 상담사는 고객의 라이프스타일 및 건강 상태를 고려하여 두피 문제의 원인을 찾아내고 해결책을 제시하는 역할을 합니다.

1) 상담의 개념

- 상담은 상담자가 고객의 상황을 이해하고 합리적이며 효과적인 행동을 촉진하여 의사결정을 내릴 수 있도록 도와주는 역할입니다.
- 두피 관리 상담은 1:1 대화를 통해 고객의 두피와 모발 문제를 체크하고 해결방안을 제시하여 행동으로 이끄는 과정입니다.

2) 상담의 목적

- 전문적인 상담을 통해 두피 문제의 생활 습관적인 요인을 지적하고, 개선된 습관을 유지하도록 돕습니다.
- 두피 문제에 대한 인식을 높이고, 개선된 생활 습관을 유지하도록 도와줌으로써 고객의 두피와 모발 건강을 지원합니다.
- 두피 및 모발 탈모에 관한 정보와 지식을 전달하여 고객의 인식이나 태도를 변화시키도록 돕습니다.

3) 상담의 필요성

- 두피 관리 상담은 고객이 두피 및 모발의 문제를 스스로 해결할 수 있도록 도와주며, 자율의지를 촉진시킵니다.
- 상담의 4요소는 상담사, 상담목적, 상담문제, 상담해결 방법으로 구성되어 있습니다.

- 상담사의 기본 준비 자세로는 복장 및 위생, 자세, 지식, 신뢰, 배려 등이 필요합니다.
- 두피, 모발 관리 상담사는 전문적인 지식과 자세한 자기 관리가 필요한 직업입니다.

4) 상담사의 3요소

- 두피, 모발관리 상담사는 지식, 신뢰, 배려의 3가지 요소를 갖추어야 합니다.
- 지식은 두피와 모발에 관한 전문이론과 임상 경험이 필요하며, 신뢰는 고객으로부터 신뢰를 받을 수 있는 믿음을 의미합니다.
- 배려는 고객을 진심으로 관리하겠다는 마음가짐이 필요하며, 이를 통해 효과적인 상담이 가능해집니다.
- 두피 상담은 고객의 두피와 모발 건강을 전문적으로 관리하기 위한 중요한 요소로, 상담사의 지식과 세심한 배려가 필요합니다.

고객 상담 방법 프로세스

1) 고객 상담

고객과의 상담에서는 고객과 관련된 정보, 생활 습관, 건강 상태 등을 체크하는 고객 상담 챠트를 작성합니다.

2) 두피 진단

(1) 1차 진단

- 시진 : 두피의 각질 상태, 색상, 피지 분비량, 모발의 손상 여부 등을 육안으로 파악합니다.
- 촉진 : 땀의 분비량, 피지 상태, 각질 여부 및 탄력도, 경직도를 촉각으로 파악합니다.
- 문진 : 다양한 체크사항을 통해 상담 및 진단 카드를 작성하고 고객의 생활 라이프를 파악합니다.

(2) 2차 진단

두피 진단기를 사용하여 모발의 굵기, 밀집도, 처음/중간/끝의 손상도, 두상 피부의 예민도와 문제점, 색상, 피지량, 땀의 분비량, 모공 및 각질 상태를 측정합니다.

3) 시술프로그램 선택

- 두피의 특징에 맞게 고객과 의사소통하여 구체적인 관리 시술프로그램을 선택합니다.
- 두피 관리, 제품, 마사지 프로그램을 결정하고 이를 통해 두피 건강을 개선합니다.

4) 프로그램 시술

- 선택한 프로그램에 따라 고객에게 정확한 타입별 관리를 제공하며, 불편한 사항이나 두피의 호전도를 체크하여 상담을 통해 관리 효과를 증대시킵니다.
- 두부 마사지, 두피 스케일링, 두피 클린징, 두피 영양제 등 다양한 시술을 통해 두피 건강을 증진시킵니다.
- 시술후 관리(홈케어 지도)

관리가 끝난 후에는 홈케어를 통해 두피 관리 효과를 꾸준히 유지하도록 고객에게 지도합니다.

개선된 두피 관리 효과를 유지하고 생활 패턴에 따른 두피 상태를 지속적으로 관리할 수 있도록 고객에게 관리법을 제시합니다.

이 프로세스를 통해 고객은 전문적인 두피 관리를 받으며, 지속적인 홈케어를 통해 두피 건강을 지키게 됩니다.

5) 상담시 주의 사항

(1) 고객에게 두피 관리는 지속적인 과정이며 단기 해결이 어렵다는 점을 알려줍니다.
(2) 고객의 말에 선입견을 갖지 않고, 고객이 말하기 편하게 기다리며 이해하는 자세를 유지합니다.

(3) 고객은 자신의 고민을 털어놓기 어려울 수 있으므로 편안한 분위기와 공감을 통해 신뢰 관계를 형성합니다.

(4) 고객이 겪고 있는 문제에 심각성을 부여하고 무시하지 않습니다.

(5) 두피의 다양한 증상을 언급하고, 함께 진단하여 고객과 문제를 정확히 이해하도록 유도합니다.

(6) 두피와 모발의 문제는 단일 원인이 아닌 여러 원인이 작용하는 것을 설명합니다.

(7) 상담의 모든 단계에서 신뢰와 의지를 중요시하며, 과장된 표현은 사용하지 않습니다.

(8) 고객의 생활습관을 관찰하고 필요한 경우 개선을 위한 주의를 주기적으로 제공합니다.

(9) 고객에게 두피 상태나 문제에 대해 이해하기 쉽게 설명하며, 겁을 주는 용어는 피합니다.

(10) 조언은 모든 고객을 위해 정직하고 진실한 내용으로 제공되며, 신뢰성을 유지합니다.

(11) 상담의 목적은 고객의 두피 문제를 정확하게 진단하고 적절한 치료 요법을 선택할 수 있도록 하는 것입니다.

(12) 각 고객은 개별적이며, 상담은 개인의 특성에 맞게 다양하게 이루어져야 합니다.

(13) 고객의 식단, 모발 관리, 건강 유지 등에 대한 재발 방지를 위한 조언을 제공하고, 지속적인 관리법을 안내합니다.

기타 상담시 주의해야 할 사항

1) 고객유치 상담시 주의사항

(1) 미용 영역과 의료 영역을 명확히 구분하여 설명한다.

(2) 효과를 과대 포장하지 않도록 한다.

(3) 고객의 눈높이에 맞게 상담을 진행한다.

(4) 다양한 방법으로 관리법을 제시한다.

(5) 고객의 입장에서 이해할 수 있는 언어와 자세로 상담한다.

(6) 관리 중 발생할 수 있는 두피 변화에 대해 사전에 설명한다.

(7) 관리 중 고객이 지켜야 할 사항을 명확하게 설명한다.

2) 관리 중 상담시 주의사항

(1) 비교 분석을 통해 상담을 진행한다.
(2) 관리 효과를 극대화하기 위한 상담을 진행한다.
(3) 일정한 주기로 상담을 실시한다.
(4) 관리 중 홈케어 및 생활습관에 대한 설명을 제공한다.
(5) 관리의 최종 단계는 예방 차원의 관리임을 설명한다.
(6) 관리 중 불편사항이 있는지 체크하고 고객의 만족도를 파악한다.
(7) 두피 호전도에 따른 프로그램의 변화를 고객에게 제시한다.
(8) 추후 관리 효과에 대한 분석을 제공한다.
(9) 기타 관리 및 두피 문제에 대한 고객의 궁금증을 해소한다.

3) 관리가 끝난 후 첫 상담시

(1) 두피 현상에 대한 후속 설명을 제공한다.
(2) 정기적인 관리 프로그램에 대한 설명을 제공한다.
(3) 관리에 대한 만족도를 체크한다.
(4) 홈케어 및 생활습관에 대한 관리 방법을 설명한다.

4) 관리가 끝난 후 주의사항

(1) 지나친 재티켓팅을 피하고, 고객에게 평생 관리의 중요성을 알린다.
(2) 불만족 시 원인 파악을 도와 의견을 제시할 수 있도록 한다.

5) 관리가 끝난 후 일어날 수 있는 상황

(1) 관리 기간 중 나타나는 이상 현상에 대해 상담 가능하도록 안내한다.
(2) 관리 중 발생할 수 있는 문제점에 대한 이해를 돕는다.
(3) 문제성 두피 및 탈모 관리의 주요 부분이 홈케어에서 이루어진다고 설명하고, 관리 기간의 중요성을 강조한다.

(4) 고객이 긍정적인 사고를 유지하도록 도움을 준다.

(5) 상담사 및 관리사의 조언을 충실히 따를 수 있도록 도움을 준다.

6) 상담카드 및 진단카드 작성법

(1) 결혼

결혼	예	아니오
결혼을 했다.		
맞벌이 부부이다.		
출산 이후 산후 탈모경험이 있다.		
부모님과 함께 살고 있다.		
산후 영양부족 현상이 있었다.		

(2) 직업

직업	예	아니오
근무시간은 평균 8시간 이상 정도이다.		
본인 스스로 생각하기에 근무환경이 좋습니까?		
일에 대한 즐거움이 있다.		
야간 근무를 한다.		

(3) 식습관

식습관	예	아니오
현재 다이어트 또는 폭식하는 편이다.		
건강 보조 식품을 먹고 있다.		
편식을 하는 편이다.		
물을 하루에 2컵 이상 마시기가 드물다.		
체내 지방이 많다		
캔음료수등 섭취가 많다.		
인스턴트 음식을 좋아한다.		
비타민을 과잉 섭취한다.		

(4) 생식기

생식기	예	아니오
생리 주기가 불규칙하다.		
전립선 치료제를 복용 중이다.		
현재 피임약을 복용 중이다.		
자궁염 및 기타 자궁질환 및 적출 수술한 적이 있다.		

(5) 내장기관

내장기관	예	아니오
소변과 대변을 잘 보는 편이다.		
위염이 잦다.		
장기에 질병을 앓아 약을 복용한 적이 있다.		

(6) 수면상태

수면상태	예	아니오
1일 8시간 이상 충분한 잠을 잔다.		
저녁 10시 이후부터 새벽 5시까지는 꼭 잠을 잔다.		
숙면을 하는 편이다.		
잠을 청하기 위해 수면제를 복용하고 있다.		

(7) 흡연 및 음주

흡연 및 음주	예	아니오
1일 1잔이상 술을 자주 먹는다.		
흡연을 한다.		
소주 2병 이상 한번에 많은 양의 술을 먹는다.		
다음날 힘들 정도로 술을 먹고나면 해독이 되지 않는다.		
음주나 흡연으로 병을 앓아본 적이 있다.		

(8) 질병여부

질병여부	예	아니오
나는 건강한 편이다.		
질병으로 인해 수술 경험이 있다.		
몸의 건강을 위해 운동과 식습관을 규칙적으로 한다.		
항암치료로 인해 탈모가 된 적이 있다.		
질병 치료를 위해 약물을 복용하고 있다.		

(9) 스트레스

스트레스	예	아니오
스트레스로 인해 탈모 및 질환의 경험이 있다.		
스트레스를 많이 받는 직업을 갖고 있다.		
나는 성격이 긍정적이다.		
스트레스를 받고나면 머리가 아프다.		
쉽게 스트레스 및 화가 가라 앉지 않는다.		

(10) 샴푸, 트리트먼트

샴푸, 트리트먼트	예	아니오
매일매일 머리를 감는다.		
현재 사용하는 샴푸타입을 알고 있다.		
샴푸 후 바로 헹구어 낸다.		
머리 감는 시간은 주로 아침이며 5분안에 감는다.		
트리트먼트를 두피부터 모발까지 사용한다.		
탈모 관리용 샴푸를 사용하고 있다.		
샴푸제의 잘못된 선택으로 인해 두피 트러블이 났던 적이 있다.		
샴푸는 모발과 두피를 구분해 깨끗이 헹구어 낸다.		

(11) 스타일링제

스타일링제	예	아니오
스타일링제를 매일 사용한다.		
스타일링제를 두피에 자주 묻을 정도로 많이 바른다.		
스타일링제로 인한 피부 트러블이 일어난 적이 있다.		

(12) 모발의 문제점

모발의 문제점	예	아니오
모발을 잘 말리지않고 적당히 자연건조 후 묶거나, 모자를 쓴다.		
한달에 1번 정도는 펌 및 염색 시술을 한다.		
손상 모발을 위한 모발클리닉 관리를 하고 있다.		
모발이 쉽게 건조되어 버린다.		

(13) 두피의 문제점

두피의 문제점	예	아니오
두피에 뾰루지나 농이 자주 생긴다.		
두피에 악취가 난다.		
평상시 두피에 당김 및 가려움 증세 및 통증이 있다.		
두피에 각질 및 비듬이 많이 생긴다.		
두피에 피부습진이 생긴 적이 있다.		
샴푸 후에도 모발이 기름지다.		
샴푸 후에도 가려움증이 심하다.		

(14) 유전성 및 탈모 시작시기

유전성 및 탈모 시작시기	예	아니오
모발에 힘이 없어지고 가늘어지기 시작했다.		
모발이 잘 자라지 않는다.		
아버지 또는 친할아버지께서 탈모를 가지고 계시다.		
외가, 어머니께서 탈모를 갖은 사람이 있다.		
피지량이 탈모 이후 더욱 급증했다.		
탈모로 인해 스트레스를 많이 받는다.		
원형 탈모를 경험 및 치료해 봤다.		

모발이 하루에 100가닥 이상 빠진다.		
M자로 진행 중이다.		
탈모가 진행된지 3년정도 지났다.		
20대 이후 탈모가 급속도로 진행됐다.		
정수리 부분에 모발이 적고 가늘어지는 듯하다.		

(15) 탈모 관리 경험

탈모관리 경험	예	아니오
탈모 관리에 경험이 있다.		
이식수술을 생각하고 있다.		
꾸준한 관리는 꼭 필요하다고 생각한다.		
꾸준한 관리를 받을 준비가 되어 있다.		
가발을 사용한다.		
탈모 치료제를 바르거나 복용한다.		
탈모관리를 전문샵에서 관리경험이 있다.		
탈모의 원인에 대해 많은 정보를 들어 알고 있다.		

(16) 기타체크사항

기타 체크 사항
생활습관: 모자착용, 발모력의 정도, 사우나 출입여부, 린스사용 등
헤어시술: 두피손상도 및 모발손상도 유추
드라이 여부: 모발 손상도 파악
땀 분비량: 두피 청결도 파악
체온: 혈액순환 상태 유추 및 체질유추, 두상 피부온도 파악
연령: 노화 정도 및 관리효과의 유·무
피부염 여부: 아토피, 백선, 건선 피부염에 의한 두피 문제 및 탈모 유·무
모발 굵기: 사춘기 시절 모발의 굵기를 통한 모발의 굵기 변화도 파악

창업

1) 창업 전략 수립

(1) 두피, 모발관리의 고객층은 어떠한가?

문제성 두피 및 탈모 고객을 대상으로한 두피, 모발관리의 신규창업 및 기존 피부샵의 프로그램 추가(두피, 모발)의 경우 다양하고 복합된 서비스에 대한 요구사항이 높다. 고객층 확보는 지역상권도 매우 중요하나, 브랜드명이나 샵명등 입소문 등에 의한 고객유입도 높으므로 단골고객 전략이 매우 중요하다.

(2) 두피, 모발관리의 시장 환경은 어떠한가?

우리나라 미용실은 1970~80년대를 기점으로 빠른 성장세를 보였으며, 1990년대에 이르러 서서히 성숙기의 단계로 접어들었다. 이에 1970년대의 수요 창출이 폄에 있었다면, 1990년대에는 컬러시장 확대로 시장성을 키웠다고 할 수 있다. 2000년대에 들어서면서 이미 포화상태에 이른 미용시장과 경기침체로 인해 각 분야의 미용인들은 새로운 수요창출에 필요성을 공감하고 있으며, 이미 곳곳에서 발 빠른 변화를 실행하는 곳도 늘어나고 있다.

(3) 수익성은 어떠한가?

높은 객단가와 다양한 서비스를 통해 수익성을 확보하고 있다. 기술형 서비스업인 만큼 원재료 대비 수익성이 약 90%로 높은 편이다. 그러나 재료비, 인건비, 임대료, 일반관리비, 가맹비(프랜차이즈일 경우), 홍보비등을 고려하여 기간별로 분석하는 지속적인 활동이 필요하다.

(4) 장·단점을 파악하고 있는가?

외모에 대한 소비자의 욕구는 꾸준하고 탈모센터등 두피, 모발에 이용비율도 낮지않다는 것이 강점이다. 그러나 인력관리가 매우 어려운 업종 중 하나이며, 또한 클레임 비율이 높다는 것이 단점이며, 사용하고 있는 기기가 일부 의료기기로 분류되어 있어 향후 이에 대한 법 개정 여부에 관심있게 지켜봐야 된다.

2) 재무계획

(1) 투자비용은 어떻게 되는가?

독립창업보다 프랜차이즈 창업이 더 많은 비용이 소요되며 가맹비, 인테리어 비용등 본사에 지불해야 하는 금액이 소요자금의 대부분을 차지한다.

(2) 임대 비용은 무엇인가?

임대 비용은 임대 보증금과 권리금이 있으며 임대 보증금은 점포에 대한 보증금으로 이는 점포를 비워줄 때 돌려받을수 있는 금액이다. 권리금은 종전 점포가치에 대한 보상대가로 지급하는 비용이다. 법적으로 보호받는 금액이 아니므로 나중에 회수가 가능한지 신중히 검토해 보아야한다. 일년간 운영해서 회수가 불가능한 금액이라면 재고해 보는 것이 바람직하다.

(3) 인테리어는 어떻게 계획하고 있는가?

확보된 공간에 투자될 시설 투자 한도액을 우선 산출해야 한다.

초기점포에 투자되는 자금을 세분화하고 실내 장식에 투자되는 최소한의 자금과 최대한의 자금을 산출해서 계획을 세워야만 차후 자금 활용이 원활하다, 또한 최근 문화공간으로서의 역할이 대두되고 있는 만큼 최적의 인테리어가 될 수 있도록 비용을 산정하여야한다(독립창업의 경우)

(4) 점포의 규모는 어느정도 인가?

점포의 규모는 독립창업의 경우 작은 규모로 시작하게 되며 프랜차이즈창업의 경우 일반적으로 독립창업보다는 좀 더 큰 평수에서 창업을 하게 된다.(일반적으로 15평이하인 경우 소형샵으로 본다.)

(5) 구입하여야 할 설비는 무엇인가?

설비의 경우 화장대, 천정형 온냉방기기, 온수기, 샴푸대등이 필요하며, 기자재의 경우 MTS기기, 열기구, 디지털기기, 앰플 기타등등이 필요하다.(미용기기는 불법 설비가 많으므로 구입시 반드시 사용유무와 A/S여부 등을 확인한다.)

(6) 인건비와 재료비는 어떻게 구성되는가?

두피, 모발샵의 인건비 비중은 타 업종에 비해서 2배가까이 높다. 매출의 약 10%를 차지하는 재료비는 구매처에 대해 다시 한번 확인 하고 품질에 대한 부분을 꼼꼼히 점검 해야 한다.

3) 입지상권분석

(1) 점포의 임대가격은 적당한가?

부동산이나 상권정보를 전문적으로 제공하고 있는 사이트를 통하여 보증금 및 임대료가 주변 임대시세와 비교하여 적당한지 확인하고, 주변 건물의 신축 또는 철거 계획등을 확인하도록 한다.

(2) 주변에 경쟁 점포는 얼마나 있는가?

상권내 경쟁 두피, 모발센터가 얼마나 있는지 확인한다. 예상되는 센터나 샵의 이용객 수, 이용계층, 가격대, 매장구성의 장단점을 파악한다. 경쟁점포가 많으면 많을수록 상권이 활성화 되었다는 것이다.

(3) 대중교통으로 접근하기에 편리한가?

지하철, 버스노선이 많고 역세권 내에 있으면 우선 고려해볼 만하다. 주차공간이 있는지 미리 확인한다. 주차공간은 필수다. 고객은 대중교통, 백화점, 대형 할인점, 상가 등과 같이 사람이 많이 모이는 곳을 선호한다.

(4) 고객의 이동경로와는 가까이에 있는가?

고객들이 주로 이동하는 상권을 파악하여 입지상황을 확인한다. 브랜드가 아직 유명하지 않다면, 불특정 다수의 고객을 대상으로 영업을 해야 하므로 먼저 주요 고객층을 결정하고, 고객들이 이동하는 경로 주변 상권을 잘 파악하여 입지를 선택한다.

(5) 점포의 접근성, 가시성 등은 어떠한가?

점포가 접근하기 편리한 위치에 있고 잘 보인다면 좋은 입지조건이다. 건물, 간판등이 주변에 잘보이고 규모가 크거나 전면이 넓으며 코너에 위치한 점포는 가장 좋은 가시성을 보유하고 있다.

(6) 고객층은 충분한가?

충분한 고객층은 매출에 영향을 줄 수 있으며 직접적인 고객층 즉 아파트 세대수가 많고 유동인구도 많다면 최상의 조건에 해당된다. 그러나 브랜드가 알려질수록 주변 상권 외의 타 지역에서도 방문하는 고객의 수가 증가하게 되므로 전문적인 서비스제공과 차별적인 기술을 보유하여 고객의 만족도를 높이도록 한다.

4) 기술력 확보

(1) 충분한 두피, 모발 기술을 가지고 있는가?

기본적인 두피, 모발 기술력이 확보되어야 고객을 유치할 수 있다. 보통 오랜 경력을 통해서 기술력이 상승하기도 하지만 꾸준한 노력을 통해서도 기술 확보가 가능하다.

(2) 트랜드에 맞는 두피, 모발 관리가 가능한가?

고객이 좋아하는 샵이 되기 위해서는 고객의 욕구가 충족 될 수 있는 기술력이 필요하다. 트랜드에 강하게 영향을 받는 두피, 모발 기술은 교육을 통해 신기술을 익혀 트랜드에 뒤처지지 않게 하는 것이 중요하다.

(3) 차별화된 기술력이 있는가?

기본기술, 트랜드 기술 이외에 독창적인 기술을 보유하고 있는 보다 전문적인 샵이 되어야 한다.

(4) 안정적인 재료 거래처는 확보 했는가?

시중 가격보다 저렴하면서 좋은 재료를 적당한 시기에 공급해주는 안정적인 거래처가 확보되어야 한다.

(5) 두피, 모발 시술외에 다양한 서비스를 제공하는가?

두피,모발 시술이외에 각종 케어(Care)등의 다양한 시술서비스를 구성하여 선택할 수 있도록 한다.

5) 인테리어

(1) 인테리어 컨셉이 정해져 있는가?

주 고객 연령층에 따라서 컨셉을 정하고 그 컨셉에 맞게 매장 전체 분위기를 꾸미는 것이 필요하다.

(2) 점포의 외부와 내부 인테리어가 종합적으로 통일성이 있는가?

점포의 외부, 내부, 매장 입구등의 인테리어가 업종의 특성을 잘 살리면서 전체적으로 조화를 이루어야 하며, 조명 등의 소품을 이용하여 고객에게 밝고 환한 느낌을 줄 수 있어야 한다.

(3) 인테리어에 투자할 자금은 확보하고 있는가?

본인이 보유한 자금에 따라 적합한 인테리어를 선택하여 자금 운용에 무리가 없도록 하여야 한다.

(4) 점포 홍보 전략이 인테리어에 잘 표현 되어 있는가?

홍보 전략이 인테리어에 적용되어 표현되어야 하며 미용의자, 벽면 등을 이용하여 전체 흐름에 맞게 표현 될 수 있도록 한다.

6) 개업전 준비

(1) 개업을 위한 체크리스트가 준비 되었는가?

개업전 체크리스트를 확인하여 누락된 부분은 없는지 점검한다.

① 행정 및 영업신고 부분 체크리스트

체크리스트	확인
사업자 등록증은 발급 받았는가?	
미용관련 면허증은 발급 받았는가?	
영업신고증은 발급 받았는가?	
간판허가증은 발급 받았는가?	
사업자 등록증은 외부에 붙여 놓았는가?	

② 관리부분 체크리스트

체크리스트	확인
설비/기기 및 재료는 지정된 장소에서 제대로 작동 하거나 위치하여 있는가? 온, 냉방기, 온수기, 샴푸대, 미용의자, 거울 등 열기구, 미용도구, 각종 재료 등	
영수증등의 비품은 준비되었는가?	
금전등록기의 작동은 확인해보았는가?	
잔돈은 충분히 준비해 두었는가?	
각종 신용카드사에 가맹되어 있는가?	
카드조회기 작동여부는 확인해보았는가?	
영수증에 찍을 고무인은 준비했는가?	

③ 접객부분 체크리스트

체크리스트	확인
관리사의 서비스 교육은 잘 되어있는가?	
모든 서비스에 대한 관리사의 지식은 충분한가?	
비품 및 재료의 청결상태를 확인 했는가?	
관리사의 각자의 역할을 정확히 알고 있는가?	

④ 점포 외부 체크리스트

체크리스트	확인
간판은 멀리서도 잘 보이는가?	
외부에서 보기에 지저분한 요소는 없는가?	
주차장이 있는 경우 안내표시는 잘 되어 있는가?	
기타 고객이 불편해 할 점은 없는가?	

(2) 관리사의 지식은 충분한가?

관리사는 시술 종류 및 가격, 시술시간, 기기사용방법, 고객 응대 방법의 숙지가 부족하여 고객 응대에 문제는 없는지 확인한다.

(3) 설비/기기 및 재료와 기타 물품은 정 위치에 잘 준비가 되어있는가?

샵의 시설과 기기 그리고 각종 재료들이 잘 작동하는지, 정 위치에 있는지 확인하며, 각 시술별로 필요한 장비와 기구 및 재료들이 제자리에 있는지 확인한다.

(4) 개업 물품은 도착 하였는가?

개업 축하용 플래카드, 광고전단지, 판촉물의 수량 등을 확인한다.

7) 마케팅 전략

(1) 홍보대상은 선정하였는가?

명확한 홍보 대상은 매출액이나 주변 상권등을 고려하여 설정하게 되는데, 우선 핵심 서비스를 결정하고 목표로 하는 고객을 대상으로 마케팅 활동을 어떻게 전개해야 할지를 결정한다.

(2) 마케팅 전략이 있는가?

샵을 방문하는 주요 고객의 직업과, 유행의 흐름에 따라 요구사항이 어떻게 다른지를 파악하여 그에 맞는 서비스를 제공하고, 홍보하는 전략을 수행한다.

(3) 차별화 전략이 있는가?

차별화 전략을 위해서는 본인 샵의 강점과 경쟁 업체들의 단점을 파악해 가장 확실하게 우위를 점할 수 있는 차별화 포인트를 선정하고, 이를 통하여 경쟁력을 만들어 가야 한다.

(4) 가격 정책을 결정하였는가?

- 고객이 만족할 수 있는 가격을 차별적으로 제공하는 방법으로 다음과 같은 제도도 검토해볼 만하다.

- 예약제 시행 : 예약제도를 시행하여 가격에 대한 차별화 모색
- 시간대별 요금 차별화 : 한가한 시간에 요금을 할인하는 방법
- 계절별 요금 차별화 : 성수기, 비수기, 연말연시, 한가위, 휴가철 등 계절에 따른 요금 차별화방법

(5) 홍보채널을 보유하고 있는가?

주요 고객층이 주로 이용하는 홍보 채널을 분석하여 그 채널을 확보하고 적극적으로 활용한다.(각종 SNS, 유튜브, 인스타, 페이스북, 카카오스토리 등등)

(6) 지속적인 판촉 활동을 하고 있는가?

고객 관리를 위하여 정기적으로 경품증정, 쿠폰증정 또는 가격할인 행사등을 실시하여 고객의 반응과 효과등을 확인 후 다음 이벤트에 적용하면서 고객을 고정 고객화하기 위해 노력한다.

(7) 매출 부진 시 대응방안은 있는가?

- 매출 부진이 시작되거나, 이미 진행되고 있는 경우 새로운 서비스를 개발하거나, 경쟁업체의 장점들을 확인하고 적극적으로 받아들여 부진 현상을 방지하고 향후 긍정적인 매출효과가 발생 되도록 한다.
- 서비스 개발 : 전체 서비스를 재구성하고 핵심 서비스를 개발하여 이를 적극 홍보함(이때 주 단골을 이용하거나 입심이 센 고객을 적극 활용)
- 경쟁업체 살펴보기 : 주변 경쟁 매장의 핵심서비스, 고객층, 서비스 종류, 홍보방법 등을 조사 분석한다.

8) 서비스

(1) 고객의 서비스 만족도는 높은가?

고객의 서비스 만족도는 샵 입장에서부터 시작하여 서비스속도, 관리사 서비스등 서비스 제공의 모든 과정에서 형성된다.

(2) 대기 시간은 적절한가?

고객의 서비스 대기시간이 최단시간이 되도록 준비해야 한다.

(3) 서비스 개선을 위한 지속적인 투자를 하고 있는가?

서비스 개선을 위한 지속적인 관리사 교육을 실시하여 고객 서비스 만족도를 높여야한다.

(4) 서비스 불만 사항에 대해 어떻게 대처하는가?

고객이 불만 또는 개선점을 제기 하는 경우 최대한 신속하게 대응하여 처리 하도록 노력해야 한다.

9) 인원(관리사)관리

(1) 관리사에게 충분한 동기 부여를 하였는가?

샵의 관리사는 서비스 활동과 직결되며, 이는 어떤 마케팅보다도 고객만족과 직결되므로 관리사에게 우선 미용인으로서의 비젼을 심어주어야 한다. 샵에서는 어떤일을 어떻게 해야 하는지 교육하여야 하고 성과와 관련하여서는 구체적인 보상체계를 구성하고 공유하여야 한다.

(2) 관리사 교육 계획이 있는가?

현재는 업무 능력이 없더라도 성장할 가능성이 있는 인재를 선택하여 스스로의 손으로 키워내겠다는 생각이 필요하다. 특히 항상 관리사에게 서비스를 생활화 하도록 교육하는 것이 중요하다.

(3) 채용 방법이 있는가?

채용은 우선 가족이나 지인의 소개로 검증된 인재를 채용함을 우선으로 하고, 다음으로 전문 인력소개소를 이용하거나 생활정보지, 인터넷 구인구직 사이트, 공공기관, 미용전문 학원을 통하여 구인할 수 있다.

(4) 관리사 유지를 위해 노력하고 있는가?

관리사의 채용부터 퇴사까지 관리를 위해 노력하여야 하며, 샵의 특성, 규모, 업무분장,

타 관리사와의 협력 가능성 등을 종합적으로 고려하여 채용한다. 관리사의 업무에 몰입할 수 있도록 복리후생제도 및 보상제도가 완비되어야 하며, 샵의 구체적인 목표와 비젼의 공유를 통해 사기를 충전하는 것도 하나의 방법이다.

(5) 관리사에 대한 보상 제도가 있는가?

관리사에 대한 복리후생제도 및 보상제도가 경쟁업체에 비하여 동등하거나 높은 수준으로 유지 되어 있어야 한다.

(6) 근무환경을 깨끗한 상태로 유지하고 있는가?

관리사의 근무환경 개선을 위하여 정기적으로 시설, 설비 등의 안전점검을 하여야 하며 청결한 근무환경을 위해 노력한다.

10) 재무관리

(1) 실제 매출액과 추정 매출액의 차이는 어느 정도인가?

객단가 분석, 인당 매출액, 평당 매출액 등을 통해 추정된 매출액과 샵운영으로 발생된 실제 매출액을 비교하여 매출에 대한 성과 분석을 지속적으로 하여야 한다. 추정매출액에 실제 매출액이 미달하는 경우 매출을 높이기 위한 대책을 마련해야한다.

(2) 매출 이익의 증감 추이는 어떠한가?

매출이익은 일정기간 동안의 증감추이를 확인하여 지속적인 증가가 되도록 하여야 한다. 감소하는 추이가 발견될 경우 그 원인을 분석하여 즉시 대처하여야 한다.

(3) 평균 순이익은 어떠한가?

매장에서 발생되는 평균 순수익은 일정기간 동안 지속적으로 평균치를 계산하여 이 순이익을 토대로 생계유지 외에도 저축과 노후 준비까지 할 수 있도록 관리 되어야 한다.

(4) 재고 관리는 하고 있는가?

원가 관리를 위해 재료비를 포함한 매출 원가를 월 1회 이상 계산하여 시술비에 반영한다. 최고의 재료를 가장 저렴하게 구매하도록 지속적으로 노력한다.

(5) 창업자가 직접 재무 상황에 대한 관리를 하고 있는가?

재무 상황에 대한 관리는 전산화 체계(POS) 또는 액셀 프로그램을 이용하여 직접 작성하여야 하며 불필요한 비용을 줄이는 노력은 지속적으로 하여야 한다.

(6) 비용(금융비용 포함)절감을 위한 계획을 가지고 있는가?

매월 발생되는 비용의 절감을 위한 대책을 마련하고 금융비용의 경우 원금과 이자를 계속 줄여나가는 방법을 모색하여야 한다.

2. 창업시 핵심 포인트 정리

기술경쟁력	변화하는 트랜드에 맞는 시술 교육, 개발및분석
경험 축적	충분한 경험을 쌓은 후에 창업, 샵에 오랫동안 근무하면서 사업적인 감각과 노하우를 익힌후 창업권장
고객과의 커뮤니케이션 및 고객관리	고객에 맞는 서비스 제공을 위한 충분한 상담활동을 수행하며, 타 업종에 비해 고객과의 접촉시간이 높은 만큼 회원카드, 예약시스템, 두피, 모발외에 다른 서비스를 연계, 불만처리 적극 대응등을 기반으로 단골 고객확보 및 유지가 필요
관리사 관리	관리사는 높은 만족도로 내실을 키워야하며, 관리사 서비스 품질은 곧 매출과 연계됨

참●고●문●헌

- http://m.blog.naver.com/ldj1975/220304953892
- http://contents.kocw.net/KOCW/document/2015/gachon/parkhyejin/5.pdf
- http:// blog.naver.com/calotine67/50095239317
- http://www.jain.re.kr/main/chapter01/sci/detail?menuSn=9&contentsSn=1321
- http://naver.me/5bXuN7m4
- http://blog.naver.com/soonbokeum/20161622353
- http://bit.ly/3f8MjND
- http://news.naver.com/main/read.nhn?oid=088&aid=0000147772
- http://blog.naver.com/barunco0790/140191791695
- http://blog.naver.com/kimmiso3337/221714747254
- http://blog.naver.com/kinytad/120109667865
- http://blogfiles.naver.com/20160331_156/ghldtjdarfr_1459408335511EKyps_JPEG/K-007.jpg
- http://bit.ly/2Pd35A3
- http://blog.naver.com/myfate22/221896891318
- http://blog.naver.com/crown7522/20180831702
- http://blog.naver.com/hotjongdo/22195550343
- http://bit.ly/3tHFan9
- http://blog.naver.com/2013chungiu/130168285626
- http://blog.naver.com/pyhgoodday/221833559301
- http://news.naver.com/main/read nhn?oid=296&aid=0000016193
- http://news.heraldcorp.com/view.php?ud=20110428000056&md=20120422155702 BL
- http://blog.naver.com/kdy8090/221868868228
- http://blog.naver.com/cpfl8123/220529799853
- http://blog.naver.com/jeumajung/22136443230
- http://blog.naver.com/jiyoung6967/22063206757
- http://bit.ly/3c9ieeY
- http://m.blog.naver.com/hongbohun/2211321512767
- http://bit.ly/3cWbiRf
- http://bit.ly/3IErCtO

- http://www.snubh.org/images/000023/theme_MJH_11.jpg
- http://blog.naver.com/godmyg/70189108402
- http://www.maryknoll.co.kr/images/che.jpg
- http://skinleader.co.kr/djskin/img/m06/img05.jpg
- http://hair.oracleclinic.com/mobile/images/contrent/hairloss/subl_ob3.jpg
- http://soomskin.com/1173?cat=4
- http://meemoshampoo.cafe24.com/wdb/product/tiny/hair1.jpg
- http://bit.ly/3tKWI6e
- http://bit.ly/3IAXFuZ

- 강주아, 김미현, 이명화, 한옥임, 어수연, 박은주 저(2019). "모발과학", 서울:구민사. pp. 12-13
- 강주아, 김미현, 이명화, 한옥임, 어수연, 박은주 저(2019). "모발과학", 서울:구민사. pp. 47-51
- 강주아, 김미현, 이명화, 한옥임, 어수연, 박은주 저(2019). "모발과학", 서울:구민사. pp. 62-71
- 김광옥 외 7인 『트리콜로지스트를 위한Scalp&Haircae』 도서출판청람. 2010. p.159
- 김주섭, 김찬수, 임대진, 최은정, 장현희, 신지은 저(2013). "두피모발 관리학", 서울:구민사. pp. 27-29
- 대한미용교수협의회 『NEW TRICHOLOGY』 청구문화사. 2012. p.181
- 대한미용교수협의회 『NEW TRICHOLOGY』 청구문화사. 2012. p.192
- 류은지 외 6인 『TRICHOLGHY LEVEL3』 도서출판트리콜로지. 2008, p.132
- 박은준, 김우빈, 이선영, 임지현, 임윤경, 장용운, 장 한, 최지연 저(2021). "모발과 두피관리학", 서울:메디시언, pp. 132-136

- 박은준, 김우빈, 이선영, 임지현, 임윤경, 장용운, 장 한, 최지연 저(2021). “모발과 두피 관리학” , 서울:메디시언, pp. 182-217
- 박은준, 김우빈, 이선영, 임지현, 임윤경, 장용운, 장 한, 최지연 저(2021). “모발과 두피 관리학” , 서울:메디시언, pp. 27-33
- 박은준, 김우빈, 이선영, 임지현, 임윤경, 장용운, 장 한, 최지연 저(2021). “모발과 두피 관리학” , 서울:메디시언, pp. 50-53
- 박은준, 김우빈, 이선영, 임지현, 임윤경, 장용운, 장 한, 최지연 저(2021). “모발과 두피 관리학” , 서울:메디시언, pp. 73
- 박은준, 정순경, 박정은, 이영미 저(2019). “모발과학” , 서울:예림. pp. 22-23
- 박은준, 정순경, 박정은, 이영미 저(2019). “모발과학” , 서울:예림. pp. 31-33
- 박은준, 정순경, 박정은, 이영미 저(2019). “모발과학” , 서울:예림. pp. 38-39
- 박은준, 정순경, 박정은, 이영미 저(2019). “모발과학” , 서울:예림. pp. 53-58
- 박은준, 정순경, 박정은, 이영미 저(2019). “모발과학” , 서울:예림. pp. 80
- 한국두피모발연구학회 『트리콜로지스트 레벨3』 훈민사. 2008. p.202

저자약력

강현경

- 상명대학교 일반대학원 뷰티예술경영학 박사
- 조성코퍼레이션 실장
- 영진사이버대학교 외래교수

김미성

- 상명대학교 일반대학원미용예술경영학박사
- 미용예술경영연구원 대표
- 서경대학교 외래교수

김주연

- 한성대학교 일반대학원 뷰티디자인학 박사
- 한성대학교 예술대학원 외래교수
- 정화예술대학교 겸임교수

마충량

- 건국대학교 일반대학원 화장품공학과 박사
- M코스메틱 대표
- 영진전문대학교 메티컬K 뷰티과 외래교수

박영선

- 영산대학교 미용예술학박사
- 살롱드비숑 헤드스파&에스테틱 프랜차이즈 대표
- 영산대학교 미용예술학과 겸임교수

두피&모발

1판 1쇄 인쇄　2025년 06월 02일
1판 1쇄 발행　2025년 06월 10일
저　　자　강현경 外
발 행 인　이범만
발 행 처　**21세기사** (제406-2004-00015호)
경기도 파주시 산남로 72-16 (10882)
Tel. 031-942-7861　　Fax. 031-942-7864
E-mail : 21cbook@naver.com
Home-page : www.21cbook.co.kr
ISBN 979-11-6833-181-5

정가 25,000원